仿人机器人专业教程

应用篇

冷晓琨　黄剑锋　杨　金　徐　枫　黄珍祥　编著

图书在版编目（CIP）数据

仿人机器人专业教程．应用篇 / 冷晓琨等编著．—
杭州：浙江大学出版社，2020．12
ISBN 978-7-308-18475-5

Ⅰ．①仿… Ⅱ．①冷… Ⅲ．①仿人智能控制—智能机
器人—教材 Ⅳ．①TP242．6

中国版本图书馆CIP数据核字（2018）第174830号

仿人机器人专业教程　应用篇

冷晓琨　黄剑锋　杨　金　徐　枫　黄珍祥　编著

责任编辑　杜希武
责任校对　刘　郡
封面设计　丁　骏
出版发行　浙江大学出版社
（杭州市天目山路148号　邮政编码310007）
（网址：http：//www.zjupress.com）
排　　版　浙江时代出版服务有限公司
印　　刷　杭州高腾印务有限公司
开　　本　710mm×1000mm　1/16
印　　张　14．5
字　　数　231
版 印 次　2020年12月第1版　2020年12月第1次印刷
书　　号　ISBN 978-7-308-18475-5
定　　价　88．00元

浙江大学出版社市场运营中心联系方式（0571）88925591；http://zjdxcbs.tmall.com.

目　录

第 1 章　机器人家族和 Aelos 机器人

课程目标：了解机器人分类，了解 Aelos 机器人使用安全规范；学会使用遥控器控制 Aelos 机器人完成基本动作。

1.1　机器人家族

机器人技术作为 20 世纪人类最伟大的发明之一，从 20 世纪 60 年代初问世以来，经历了五十多年的发展，已取得长足的进步。机器人种类繁多，按照不同的标准可以有多个分类。一般地，可以将机器人分为两大类：一类是工业机器人，另一类是服务机器人。机器人分类树状图如图 1.1 所示。

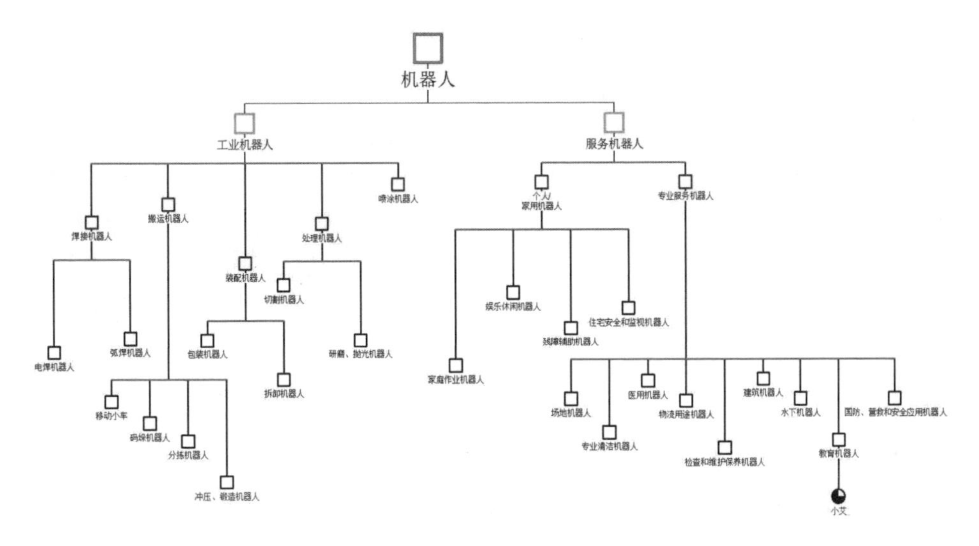

图 1.1　机器人分类树状图

1.1.1　工业机器人

工业机器人是集机械、电子、控制、计算机、传感器、人工智能等多学科先进技术于一体的现代制造业重要的自动化装备，是面向工业领域的多关节机械手或多自由度的机器装置，能自动执行任务，靠自身动力和控制能力来实现各种功能的一种机器。它可以接受人类指挥，也可以按照预先编排的程序运行，现代的工业机器人还可以根据人工智能技术制定的原则纲领行动。

一、工业机械臂机器人

工业机械臂是“其操作机是自动控制的，可重复编程、多用途，并可以对 3 个以上轴进行编程。它可以是固定式或者移动式。在工业自动化应用中使用”。操作机又定义为“是一种机器，其机构通常由一系列相互铰接或相对滑动的构件所组成。它通常有几个自由度，用以抓取或移动物体（工具或工件）。”所以对工业机械臂可能理解为：拟人手臂、手腕和手功能的机械电子装置；它可把任一物件或工具按空间位姿（位置和姿态）的时变要求进行移动，从而完成某一工业生产的作业要求。

图 1.2　工业机械臂机器人

二、焊接机器人

焊接机器人主要包括机器人和焊接设备两部分，如图 1.3 所示。机器人由机器人本体和控制柜（硬件及软件）组成。而焊接设备，以弧焊及点焊为例，则由焊接电源（包括其控制系统）、送丝机（弧焊）、焊枪（钳）等部分组成。对于智能机器人，还有传感系统如激光或摄像传感器及其控制装置等。

图 1.3　焊接机器人

三、搬运机器人

搬运机器人（transfer robot）是可以进行自动化搬运作业的工业机器人，如图 1.4 所示。最早的搬运机器人出现在 1960 年的美国，Versatran 和 Unimate 两种机器人首次用于搬运作业。搬运作业是指用一种设备握持工件，从一个加工位置移到另一个加工位置。搬运机器人可安装不同的末端执行器以完成各种不同形状和状态的工件的搬运工作，大大减轻了人类繁重的体力劳动。目前世界上使用的搬运机器人逾 10 万台，被广泛应用于机床上下料、冲压机自动化生产线、自动装配流水线、码垛搬运、集装箱搬运等自动搬运过程。部分发达国家已制定出人工搬运的最大限度标准，超过限度的工作必须由搬运机器人来完成。

图 1.4　搬运机器人

四、装配机器人

装配机器人是柔性自动化装配系统的核心设备，由机器人操作机、控制器、末端执行器和传感系统组成，如图 1.5 所示。其中操作机的结构类型有水平关节型、直角坐标型、多关节型和圆柱坐标型等；控制器一般采用多 CPU（中央处理器）或多级计算机系统，实现运动控制和运动编程；末端执行器为适应不同的装配对象而设计成各种手爪和手腕等样式；传感系统用来获取装配机器人与环境和装配对象之间相互作用的信息。

与一般工业机器人相比，装配机器人具有精度高，柔顺性好，工作范围小，能与其他系统配套使用等特点，主要用于各种电器制造行业。

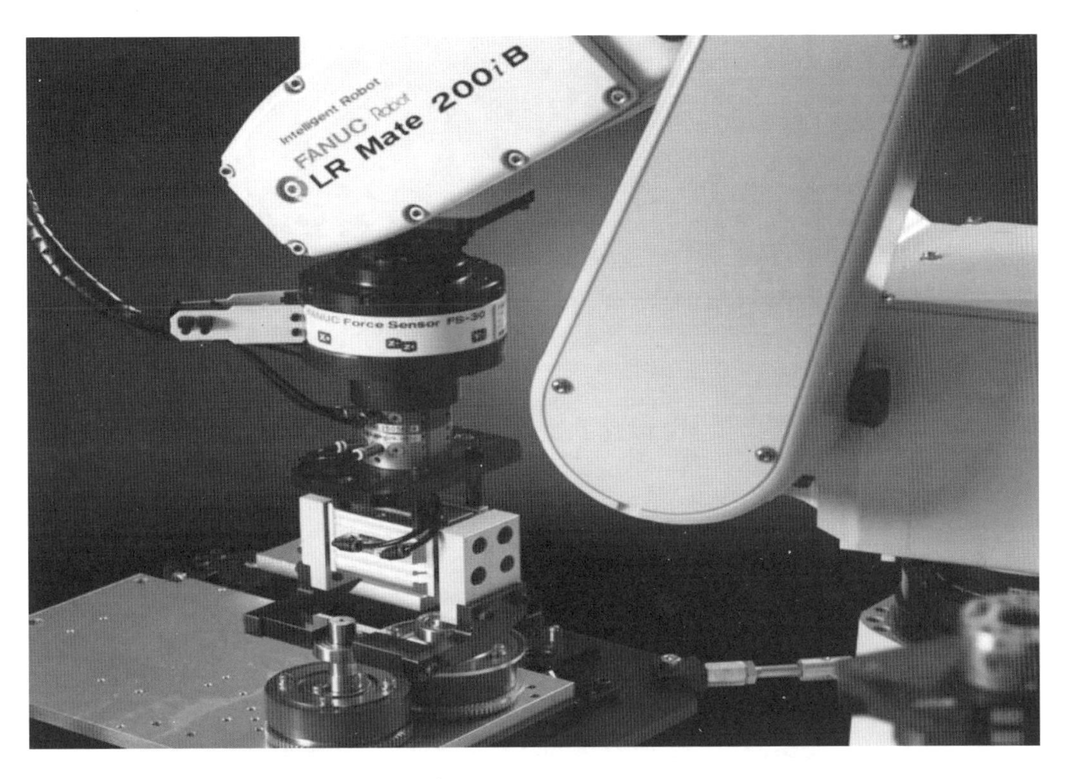

图 1.5　装配机器人

五、打磨机器人

打磨机器人采用了先进的切削软件和加工精度控制技术，是结合主轴、刀库、转台等配置可以替代人工的机床设备，能用于对铸件、钣金件、洁具、笔记本计算机、手机等打磨、去毛自动化加工。

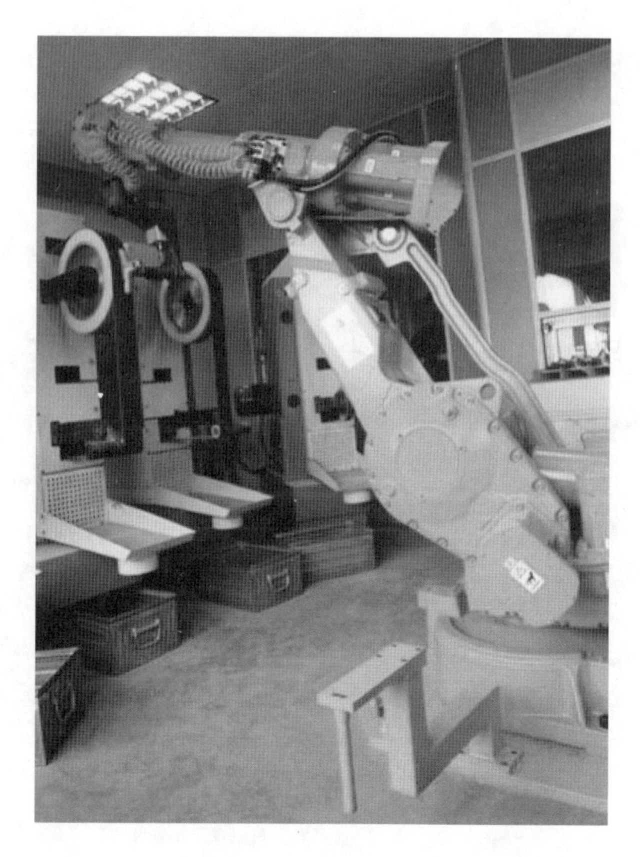

图 1.6　打磨机器人

六、喷漆机器人

喷漆机器人主要由机器人本体、计算机和相应的控制系统组成，如图 1.7 所示。液压驱动的喷漆机器人还包括液压油源，如油泵、油箱和电机等。喷漆机器人多采用 5 个或 6 个自由度关节式结构，手臂有较大的运动空间，并可做复杂的轨迹运动，其腕部一般有 2—3 个自由度，可灵活运动。较先进的喷漆机器人的腕部采用柔性手腕，既可向各个方向弯曲，又可转动，其形状类似人的手腕，能方便地通过较小的孔伸入工件内部，喷涂其内表面。喷漆机器人一般采用液压驱动，具有动作速度快、防爆性能好等特点，可通过手把手示教或点位示数来实现示教。喷漆机器人广泛用于汽车、仪表、电器、搪瓷等工艺生产部门。

图 1.7　喷漆机器人

1.1.2　服务机器人

服务机器人是机器人家族中的一个年轻成员，可以分为专业领域服务机器人和个人/家庭领域服务机器人。服务机器人的应用范围很广，主要从事维护保养、修理、运输、清洗、保安、救援、监护等工作。

一、清洁机器人

传统的清洁机器人在欧美韩日普及度非常高，最近几年在中国也以倍增的速度在普及，但传统的清洁机器人只是属于家用电器类别，其智能化程度还有很大的提升空间。相较于传统清洁机器人，智能清洁机器人包括免碰撞感应系统、自救防卡死功能、自动充电、自主导航路径规划、广角摄像头、感应红外装置，还加入路由 Wi-Fi 功能，可以通过手机 App 直接远程操控机器人，同时还能分享所拍照片、视频。

图 1.8　清洁机器人

二、医用机器人

医用机器人是指用于医院、诊所的医疗或辅助医疗的机器人。是一种智能型服务机器人。医用机器人能独自编制操作计划，依据实际情况确定动作程序，然后把动作变为操作机构的指令。医用机器人种类很多，按照其用途不同，分为临床医疗用机器人、护理机器人、医用教学机器人和为残疾人服务机器人等。

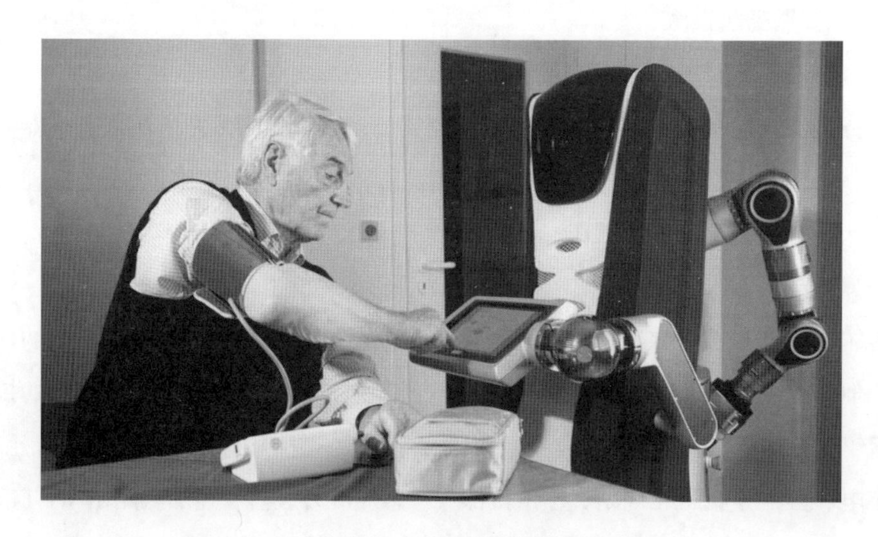

图 1.9　医用机器人

三、建筑机器人

建筑机器人多为可遥控数控型机器人，一般由机械手、传感器、行走车及控制箱等部件组成。建筑机器人一般用于执行危险的建筑拆迁工作或者重复度很高的工作，它的使用降低了人员危险，减少了人力费用，并提高了产品质量和工作效率。

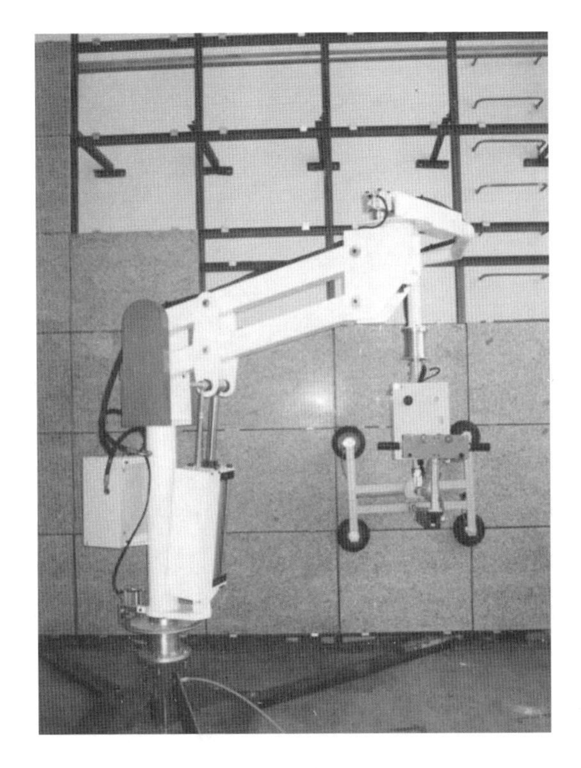

图 1.10　建筑机器人

四、水下机器人

水下机器人也称无人遥控潜水器，是一种工作于水下的极限作业机器人。因为水下环境恶劣危险，人潜水深度有限，所以水下机器人已经成为开发海洋的重要工具。水下机器人主要有有缆遥控潜水机器人和无缆遥控潜水机器人两种，其中有缆遥控潜水机器人又分为水中自航式、拖航式和能在海底结构物上爬行式三种。典型的遥控潜水器是由水面设备（包括操纵控制台、电缆绞车、吊放设备、供电系统等）和水下设备（包括中继器和潜水器本体）组成。潜水器本体在水下靠推进器运动，本体上装有观测设备（摄像机、照相机、照明灯等）和作业设备（机械手、切割器、清洗器等）。

图 1.11　水下机器人

五、教育陪伴机器人

教育陪伴机器人多为仿人机器人，它可以模仿人的形态、语言和行为。仿人机器人研究集机械、电子、计算机、材料、传感器、控制技术等多门科学于一体，代表着一个国家的高科技发展水平。从机器人技术和人工智能的研究现状来看，要完全实现高智能、高灵活性的仿人机器人还有很长的路要走。同时人类对自身也没有彻底了解，这也限制了仿人机器人的发展。

本书所用到的 Aelos 机器人就是专门用于教育的陪伴型机器人，它具有人类外形的基本特征，由可编程控制中心、机械手臂和腿部、语音模块等组成，可以进行对话、讲故事、唱歌跳舞，具有很强的人类动作模仿能力。Aelso 机器人如图 1.12 所示，我们也可以亲切地称它为“小艾”。

图 1.12　Aelos 机器人

六、服务领域机器人

服务领域机器人的典型代表就是曾经红极一时的餐饮服务机器人，这是一种定位于酒店餐饮服务和展馆迎宾服务的新型机器人，它具有类似人的外形，功能极为丰富，不仅可以在餐馆迎宾送菜，还能在安静的房间中与客人进行固定词条的语音交互功能。

图 1.13　服务领域机器人

七、军用、营救专业机器人

还有这样一些机器人，它们并不是服务社会大众的，而是服务于军事组织、救援组织，这种专业服务机器人技术含量更高，速度更快，稳定性也要求更高。下面，我们就来认识一些在军用、营救领域的专业机器人。

军用机器人是一种用于军事领域，从事物资运输、搜寻勘探及实战进攻等的机器人。其种类非常繁多，包括：地面机器人，水下机器人，无人机等。例如军用四足机器人主要用于山区及丘陵地区的物资背负、安防和驮运，可以承担运输、侦查或打击等任务。另外，其在道路设施被严重破坏的灾害现场也能发挥极其重要的作用。

图 1.14　四足机器人

军用机器人由于所用的功能不同，相应的衍生的机器人也大不相同，例如设计成专用于排爆的机器人。排爆机器人“灵蜥”就是其中的代表，它的加入极大地降低了排爆作业的危险，提高了排爆的效率，增强了部队的战斗力。

图 1.15　排爆机器人“灵蜥”

无人驾驶飞行器简称“无人机”，也属于机器人领域，英文缩写为“UAV”。它是利用无线电遥控设备和自备程序控制装置操纵的不载人飞行器，即会自动飞行的机器人。从技术角度定义可以分为：无人固定翼机、无人垂直起降机 、无人飞艇、无人直升机、无人多旋翼飞行器、无人伞翼机等。

图 1.16　RQ-4A 全球鹰无人机

1.2 Aelos 机器人操作入门

前面介绍了机器人家族，五花八门的机器人是不是已经让你眼花缭乱了？不过光看图片可不过瘾，本节将带领读者实际操作指挥仿人机器人——Aelos 机器人。我们将学习遥控器的使用，练习通过遥控器的摇杆控制 Aelos 机器人执行内置动作指令，最后总结操作 Aelos 机器人要遵守的一些安全规范。

好！探究 Aelos 机器人之旅现在开始。

1.2.1 初识 Aelos 机器人

Aelos 机器人是典型的仿人机器人，因此它具有人类最基本的外形特征。人类从外表上分为头部、躯干和四肢，所以在 Aelos 机器人的外表上也能轻易地看到这三部分，如图 1.17 所示。从图中可以认识 Aelos 机器人的结构组成包括头部、躯干和四肢，其中四肢又分为左手臂、右手臂、左腿、右腿。

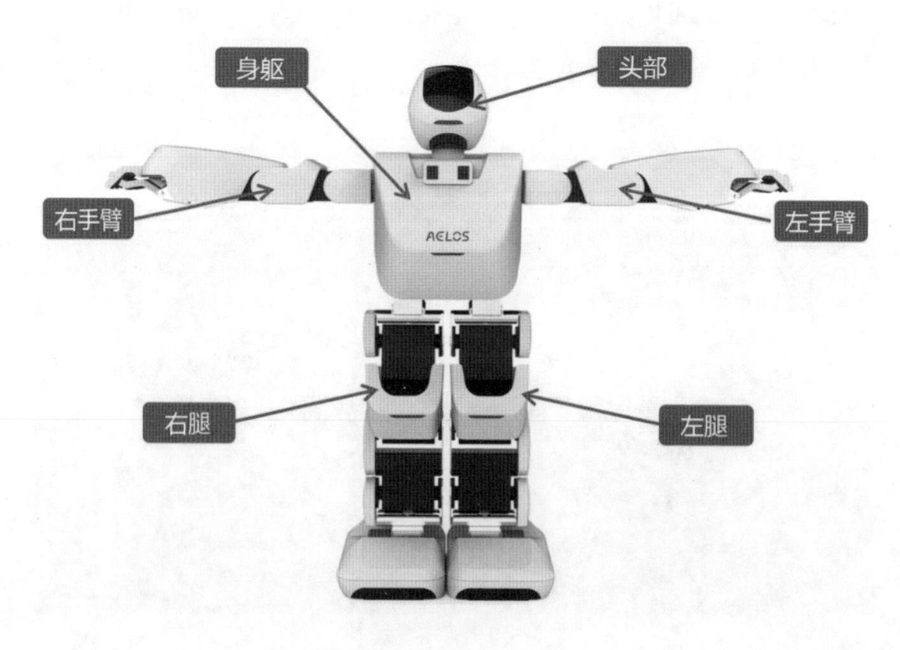

图 1.17 Aelos 机器人组成部分

Aelos 机器人的背部设计了提手结构，便于机器人的搬运与抓取。同时小艾的头部处为电机驱动装置，所以该结构也起到了对头部的保护作用。

请大家爱护小艾，在使用的时候，请不要直接手提头部。

在 Aelos 机器人的背后隐藏着 4 个重要的开关，如图 1.19 所示。下面，就让我们来逐一认识一下。

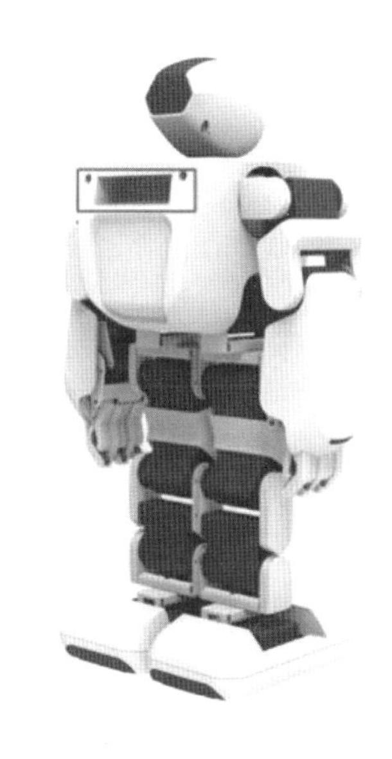

图 1.18　Aelos 机器人提手结构

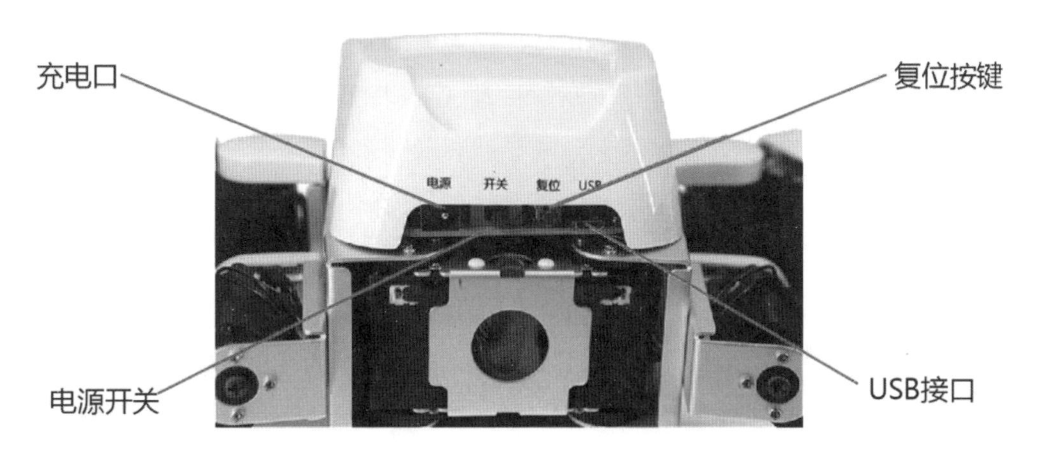

图 1.19　机器人 Aelos 的控制开关

充电口：Aelos 机器人内置充电电池，需要使用专用充电器为 Aelos 机器人充电，充电器接口如图 1.19 所示。当 Aelos 机器人发出“电量低，请充电”的语音提示时，请尽快关闭机器人并给机器人充电。充电期间，充电器的指示灯为红色，充电完成将变换成绿色，此时，表示充电电池已经充满，即可以停止充电。

电源开关：Aelos 机器人的电源开关。当开启 Aelos 机器人时，机器人将先执行内置的行礼动作，并说出“主人，你好”问候语，然后以站立姿势等候下一步的指令。

复位按键：轻按复位键将重置机器人使其恢复到初始状态，机器人将行礼并发出问候，最后停留在站立姿势表示已经复位完成。

USB 接口：该接口用于使用 USB 数据线将计算机和机器人连接在一起，连接后可以通过计算机控制机器人，并把相应动作指令程序通过数据线下载到 Aelos 机器人上。

一、开启与关闭 Aelos 机器人

（1）确认 Aelos 机器人未开启电源，双手稳定捧握 Aelos 机器人将其放置于桌面或水平地面，远离电源和水源。

注意：桌面或水平地面请保证至少有 $1m^2$ 的活动空间，并远离桌面边缘，防止 Aelos 机器人执行动作指令时意外坠落。

（2）将 Aelos 机器人放置平稳后，拨动 Aelos 机器人背后的电源开关，接通 Aelos 机器人电源。

（3）打开开关后，请勿握持 Aelos 机器人的任何部位，让 Aelos 机器人自主执行行礼动作和说出问候语，待 Aelos 机器人正常站立后再进一步操作机器人。

（4）再次拨动 Aelos 机器人背后的电源开关，即可关闭 Aelos 机器人。关闭电源后，可以使用适当力度扭转 Aelos 机器人部件，将 Aelos 机器人扭转至相对稳定的形态。

二、Aelos 机器人安全使用规范总结

（1）请稳定拿起机器人，切勿拖拽机器人的四肢。

（2）在停止使用 Aelos 机器人时，请关闭电源。若发现 Aelos 机器人有异常，请及时关闭 Aelos 机器人然后重启。

（3）Aelos 机器人是由中枢核心板控制，请勿令中枢核心板受潮，否则会造成 Aelos 机器人损坏。若 Aelos 机器人损坏，严禁私自拆解，请及时联系商家修理。

（4）开启 Aelos 机器人后，请将其放在有一定摩擦力的表面上，该表面应平整无其他杂物， 然后开始用遥控器对机器人进行控制。

（5）若要 Aelos 机器人进行比较大的动作，请预留足够大的活动空间，防止 Aelos 机器人撞击其他物品造成损坏。

（6）切勿用力扳动 Aelos 机器人的四肢和头部，防止损坏机器人。

（7）切勿随意用力拖曳 Aelos 机器人的线路，防止影响机器人动作。

（8）儿童和青少年请在监护者、教师监护下操作 Aelos 机器人，切勿独自操作。

前面介绍了 Aelos 机器人是仿人机器人，因此它可以模仿完成人类的动作，甚至是一些高难度动作，可以这样说：只要人类能做出的且能保持平衡稳定的动作，Aelos 机器人都能做到。不信？请看 Aelos 机器人的高难度动作展示，如图 1.20 所示。

图 1.20　Aelos 机器人动作展示

1.2.2　遥控器构成

Aelos 机器人的动作需要遥控器来控制执行，通过按动遥控器上的按键控制机器人执行相应的动作，下面简单来认识一下遥控器。

Aelos 机器人配备的遥控器具有 18 个按钮，遥控器正面如图 1.21 所示，侧面如图 1.22 所示。

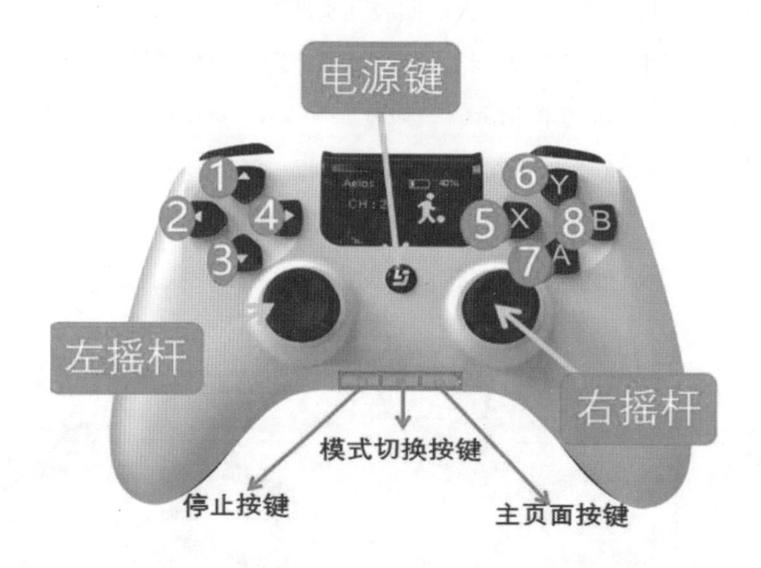

图 1.21　遥控器正面图

图 1.22　遥控器侧面图

一、遥控器操作规范

（1）按下遥控器电源开关后（遥控器指示灯亮起），听到响声表示遥控器已打开，即遥控器可以进行操作。

（2）"主页面"按键，为信道设置完成按键，改变信道后，需要按下此按键完成设置。若要详细了解请阅读本书 4.3 设置遥控器信道。

（3）"模式切换"按键，可以切换不同遥控模式。Aelos 机器人遥控器具有四种遥控模式：表演模式、足球模式、拳击模式和兼容模式。遥控器打开后默认进入表演模式，按下"模式切换"按键切换到下一个模式；长按"模式切换"按键 2 秒，遥控器切换到兼容模式，再次长按 2 秒即可退出兼容模式。

（4）"停止"按键，具备动作终止功能。若要终止 Aelos 机器人当前执行的动作，按下"停止"按键，即可终止 Aelos 机器人当前的动作，并恢复到站立状态。

（5）"左摇杆"和"右摇杆"分别控制 Aelos 机器人的内置默认动作，且不能修改。左摇杆可控制 Aelos 机器人在标准状态中进行前进、后退、左移、右移。将左摇杆推向"前进"状态，Aelos 机器人将按照正常速度一直前进。其他按键操作类似，此处不再赘述。

右摇杆可控制 Aelos 机器人在快速状态中进行前进、后退，左转、右转，若一直推向"前进"状态，Aelos 机器人将快速前进。需要注意的是，快速状态不能持久使用，对机器人的硬件，如电池、舵机损耗都比较大。

（6）按键 1 至 12 为动作指令绑定按键，这些按键同学们可以根据自己的使用习惯绑定相应的动作指令。按下动作按键将听到提示音，Aelos 机器人即执行绑定的动作指令。

（7）按下电池组仓的按钮可以将电池仓外壳打开，即可进行电池的更换。

二、遥控器安全使用规范总结

（1）请正确使用遥控器，远离水、火、强电、强磁等环境。

（2）若发现遥控器有任何异常，请及时关闭电源，再重新启动，切勿私自拆解遥控器。

（3）若遥控器电池电量不足，请及时更换电池，请勿使用劣质干电池。

（4）使用遥控器控制时，切勿距离 Aelos 机器人过远，以免影响信号传输。

（5）切勿过分用力按动按键，若机器人没有响应，可以重新按动按键一次。

（6）若在 5min 内对遥控器无任何操作，遥控器将自行关机。

【练习】Aelos 机器人初级操作

（1）熟悉遥控器左、右摇杆的功能，使用遥控器操作 Aelos 机器人前进、后退、转弯。

（2）使用遥控器操控 Aelos 机器人绕过障碍物。

①起点出发，绕过 3 个相距 15cm 的三角锥（碰到或挪动障碍物则重新开始）。

②翻过木板桥（掉落则从木板桥边缘重新出发）

③踢到远处气球，并原路返回。

第 2 章　初识动作指令设计软件

课程目标：认识简化版软件界面，通过快速使用指南了解基本设计流程。

2.1　动作指令设计软件

要为 Aelos 机器人设计动作指令，首先要在计算机中安装“Aelos 机器人 PC 端教育版程序”，以下简称教育版软件。该软件可以通过乐聚的官方网站（www.lejurobot.cn）进行下载。

2.1.1　下载安装“动作指令设计”软件

（1）打开浏览器，在地址栏中输入乐聚官方网站的地址 www.lejurobot.cn。在正确联网的情况下，可以看到网站首页轮放的 Aelos 机器人。

（2）在网站的导航栏中，点击“服务与支持”—“服务与技术”—“下载支持”，将出现相关软件的下载页面。找到“Aelos 机器人 PC 端教育版安装程序”，点击屏幕右侧对应的“软件下载”即可进行下载。可以将使用说明书一同进行下载，有利于快速入门，如图 2.1 所示。

目前软件支持 Windows 系统及 Mac 系统，请用户根据实际情况对应选择。

教育版本		
Aelos 机器人PC端教育版使用说明书 Aelos 机器人PC端教育版使用说明书	01 DEC 2017	下载支持
Aelos 机器人PC端教育版安装程序 Windows 1.6.0版本 (Windows OS)	01 JUNE 2019	下载支持
Aelos 机器人PC端教育版安装程序 MAC 1.6.0版本 (Mac OS)	01 JUNE 2019	下载支持

图 2.1　软件下载界面

（3）对下载的软件进行安装，安装后桌面将显示简化版软件的图标，如图 2.2 所示。在菜单栏中也会出现“aelos_edu”菜单项目。

图 2.2　aelos_edu 软件图标

（4）双击“aelos_edu”图标即可运行软件，软件界面如图 2.3 所示。

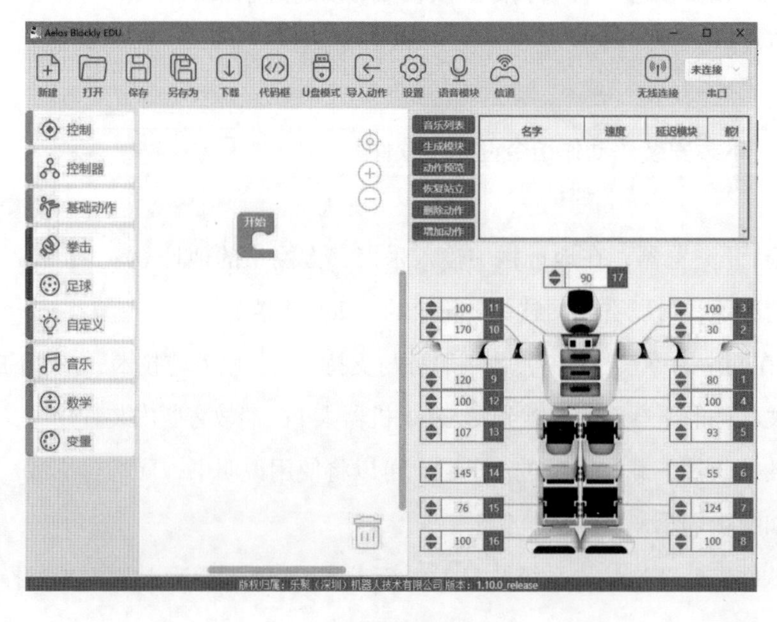

图 2.3　软件界面

注意：软件在安装或启动时，可能会提示缺少一些文件，请到乐聚官方网站“服务与支持”—“常见问题”版块查看，下载并安装相关的系统补丁包解决。

2.1.2　软件界面介绍

在为 Aelos 机器人设计动作指令之前，首先来认识一下软件，只有充分了解软件，才能在使用时自由驾驭软件。教育版软件界面包括以下 5 个部分（见图 2.4）：①菜单栏；②指令栏；③编辑区；④动作视图；⑤机值视图区。具体请参看下文的讲解。

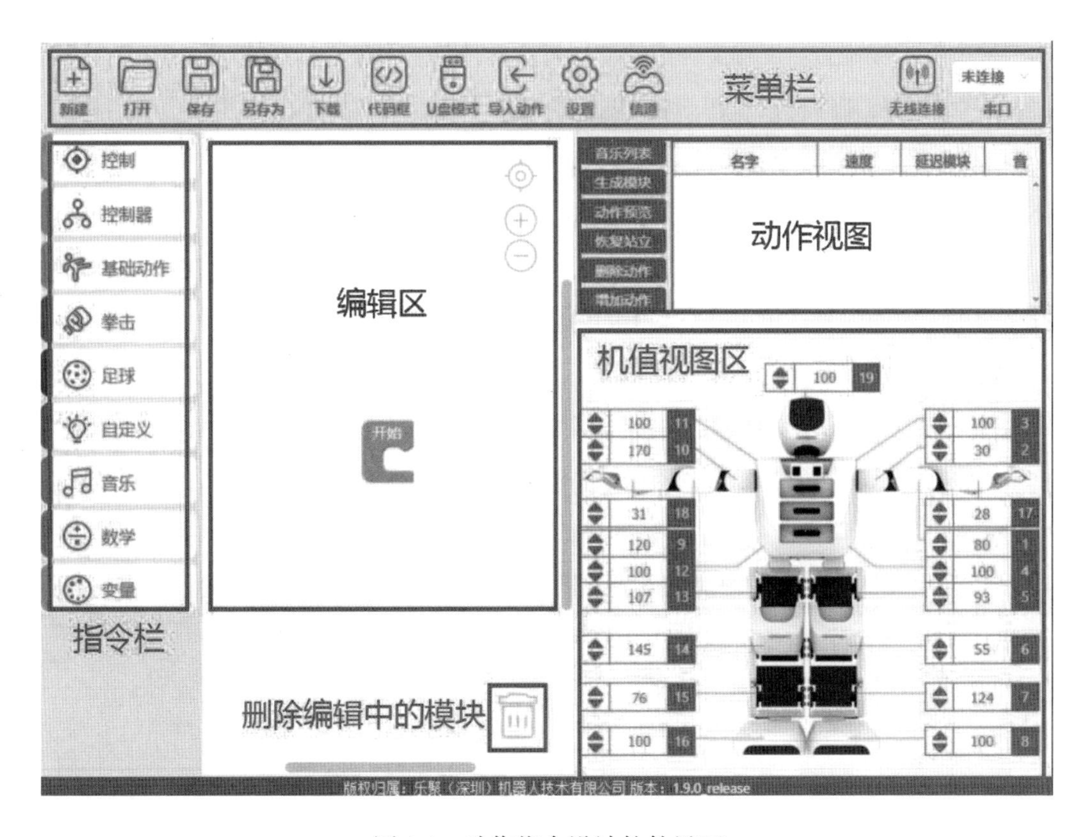

图 2.4　动作指令设计软件界面

一、菜单栏

菜单栏是软件的主要功能区之一，主要完成对动作指令文件的相关操作。

（1）“新建”命令用于新建工程，将在系统中创建一个文件夹用于存放工程文件，文件以“.abe”为后缀名。没有创建新工程，就无法开展动作指令的设计和存储工作。

注意：工程要按照见名知义的原则进行命名。

（2）“打开”命令用于打开一个已经存在的工程文件。找到欲打开的工程文件夹，进入文件夹，选择以“.abe”为后缀名的工程文件打开。

（3）“保存”命令用于存储工程文件和动作指令文件。工程文件以“.abe”为后缀名，动作指令文件以“.src”为后缀名。

（4）“另存为”命令用于将当前工程文件存储为另一个工程文件，以保护当前的工程文件不被覆盖。工程文件中的动作指令文件将一同被另行存储。

注意：工程文件将按照新的名称进行创建，动作指令文件依然沿用之前的名称。

（5）“下载”命令将软件中编写的程序通过数据线下载到机器人。

（6）“代码框”命令负责代码视图的调出和隐藏。

（7）“U 盘模式”命令可以进入 Aelos 体内的存储单元，我们可以在计算机中查看存储单元中的内容，也可以对其中的内容进行修改和添加。

注意：在没有专业人员指导的情况下，尽量不要编辑存储单元中的文件，以免造成文件损坏或丢失，影响机器人的正常使用。在退出“U 盘模式”后，必须重新启动机器人，否则 Aelos 机器人与软件无法通过串口进行正确连接。

（8）“导入动作”命令主要外部已编辑好的动作添加到自定义模块中。

（9）“设置”命令可以对软件界面进行语言设置、机器人零点调试。

（10）“信道”命令机器人信道进行更改。

二、指令栏

程序指令库中包括控制指令和动作指令两种指令，都是程序员已经编写封装好的内容，可以供同学们选择使用，方便同学们更快捷地进行程序编写。

图 2.5　程序指令库

三、编辑区

编辑区是编写程序的主要阵地，指令的添加、删除，程序的整体设计都在编辑区中进行，我们可以在这里直观地看到当前程序的整体情况。

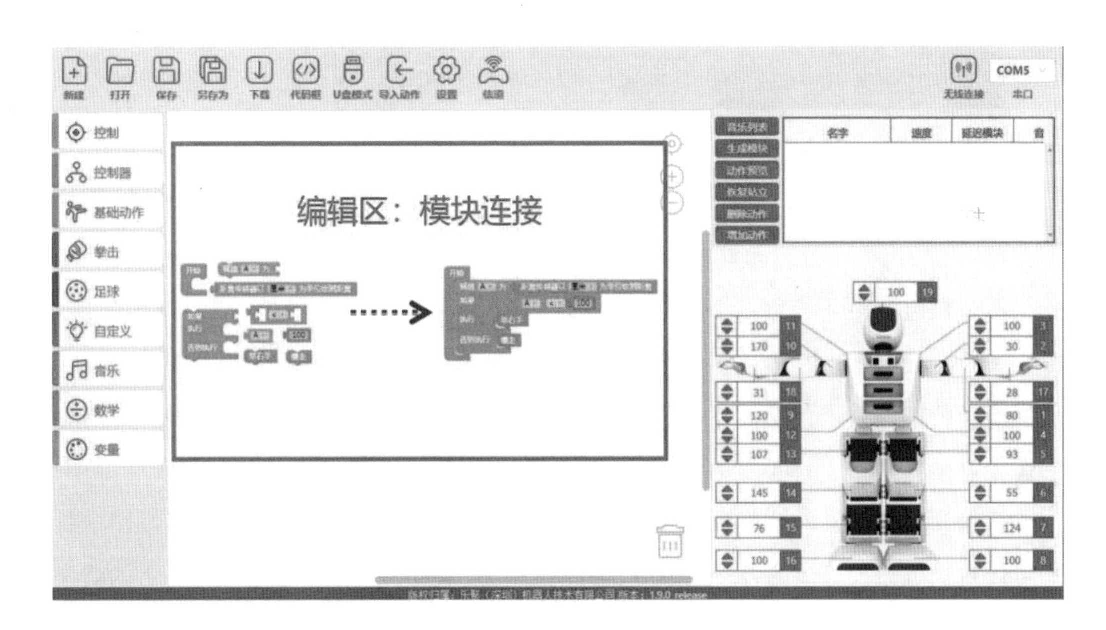

图 2.6　程序编辑区

四、动作视图

动作视图可以显示每个动作的详细信息，例如各舵机角度值、速度、刚度以及搭配的音乐等。这些信息以条状记录进行显示，可以显示单一动作，也可以显示一个动作指令里的一组动作，如图 2.7 所示。

音乐列表
生成模块
动作预览
恢复站立
删除动作
增加动作

名字	速度	延迟模块	音乐	舵机1	舵
刚度帧	30	0		25	2
	15	0		80	3
	15	0		80	4
	15	0		80	4
	65	50		80	6
	36	0		80	3

图 2.7　动作视图

当然，动作视图中也可以对所显示的动作进行预览、修改、删除或者将整组动作打包成一个新的模块。这些操作在后面的学习中会有更为详细的讲解。

五、机值视图区

Aelos 身上装有 19 个舵机，每一个舵机（除去 17、18 号舵机）都有 10 度—190 度的旋转范围，通过合理设置这些舵机的旋转角度，可以让 Aelos 摆出各种不同姿势的造型。正因如此，Aelos 机器人才可以完成各种多样的动作。

机值视图就是显示当前机器人身上各个舵机的旋转数值的区域。在机值视图中我们可以看到机器人身体的各个关节处都标有舵机的编号，每个标号下方所显示的就是该舵机的数值，如图 2.8 所示。

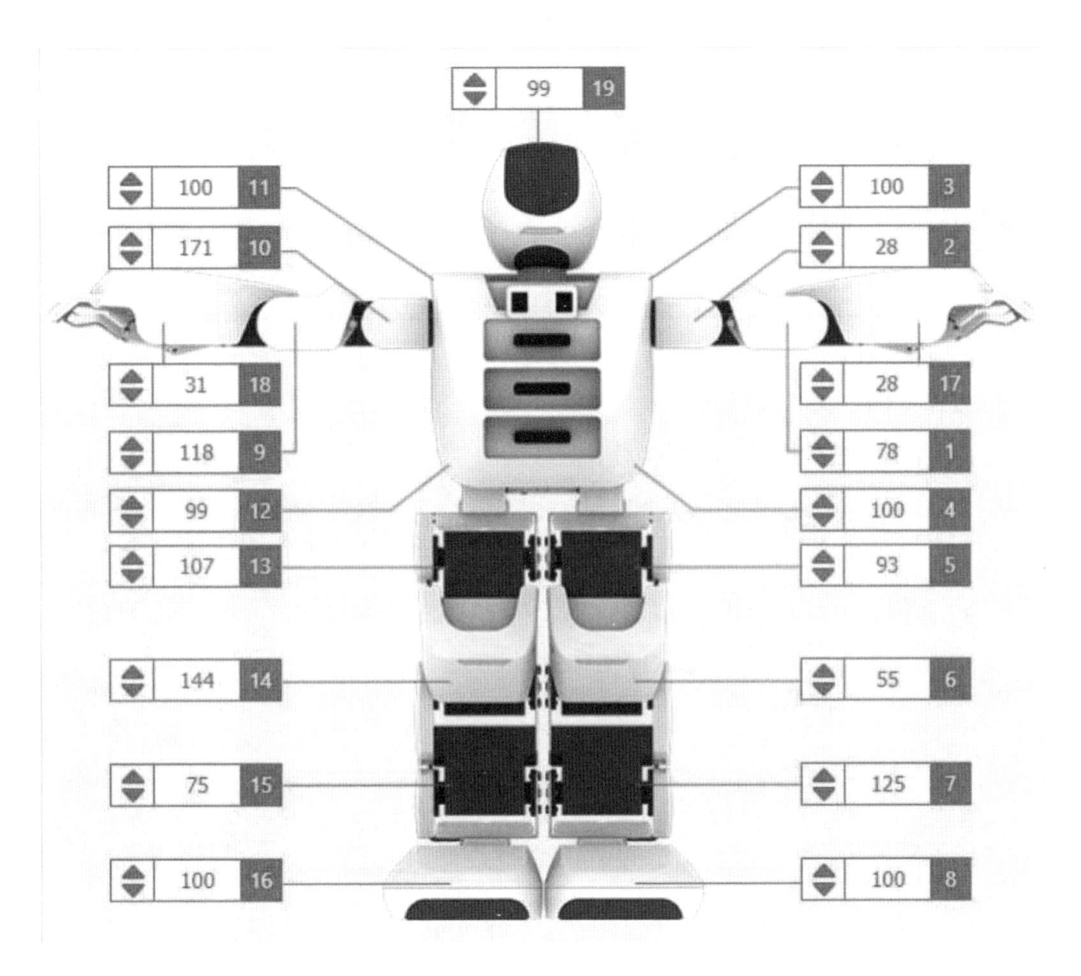

图 2.8　机值视图

我们也可以在机值视图中对这些舵机值进行调整，直到 Aelos 达到我们所预想的动作状态。

以上认识了教育版软件的界面，接下来通过一个简短的快速使用指南来了解一下程序的设计流程，在基本掌握软件和设计流程后，就可以轻松地开启动作设计之旅了。

2.2　快速使用指南

本节将带领用户使用软件为 Aelos 机器人设计一个简单的动作指令，通过这个练习了解 Aelos 机器人和软件的使用流程。

2.2.1　准备动作指令设计环境

连接计算机和 Aelos 机器人

（1）在计算机系统中正确开启教育版软件。

（2）打开 Aelos 机器人，确认听到 Aelos 机器人问候语，即 Aelos 机器人被正确地打开。

（3）使用 USB 数据线连接 Aelos 机器人和计算机，数据线小口连接 Aelos 机器人，大口连接计算机，插拔时注意不要损坏 USB 接口。

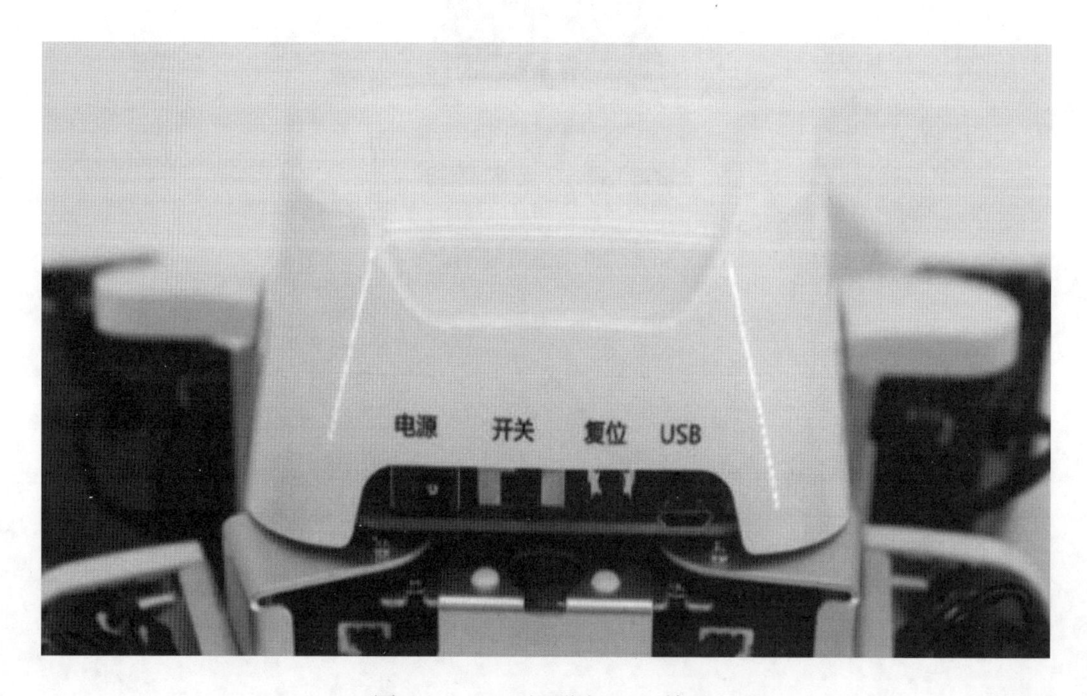

图 2.9　Aelos 机器人 USB 接口

（4）在教育版软件中，点击菜单栏中的“新建”命令选择 Aelos lite 机器人之后将弹出“新建工程”的对话框，在“文件名”处对新的工程进行命名，工程名请按照见名知义原则进行命名。

请选择机器人型号

Aelos edu

Aelos edu sp

Aelos arm

Aelos pro

Aelos lite

取消　确定

图 2.10　选择机器人型号

注意：本书中以 Aelos lite 机器人为例，若无特殊说明，以下文中 Aelos 机器人皆为 Aelos lite 型号。

（5）在菜单栏中选择对应的串口。由于连接电脑的 USB 接口不同，此处显示的 COM 串口数值也不同，切记不能选择 COM1 串口。

（6）串口连接。若正确连接成功，页面中将弹出“串口已打开”的视窗。若显示“串口已断开”，请检查 USB 接口是否脱落或串口驱动是否正确安装。

（7）至此为程序设计已经做好准备工作，确保机器人和电脑处于正确连接状态。

图 2.11　打开串口的提示框

2.2.2　新程序编写

编写一个 Aelos 机器人散步的程序

（1）上文介绍过，在教育版指令栏中有许多机器人的基本动作指令，我们在程序指令库中选择第三项基础动作，在基础动作库中选择慢走模块，如图 2.12 所示。

图 2.12　基础动作库

（2）此时会出现一个青色方形模块跟随鼠标移动，用鼠标移动至开始模块的下方。这样一个包括慢走命令的工程文件已经编辑完成，如图 2.13 所示。点击菜单栏中的保存。

图 2.13　慢走命令

2.2.3　新程序执行

（1）程序设计完成后，保持 Aelos 机器人与电脑通过正确的 COM 串口连接，点击菜单栏中的“下载”命令，程序成功下载后，将弹出“√”提示框，点击任意空白处即可。

图 2.14　下载成功提示框

（2）正确下载后，将 Aelos 机器人和电脑断开连接，会出现“串口已断开”的提示框。

图 2.15　串口断开提示框

（3）即使串口已经断开，机器人脱离电脑的控制，此时 Aelos 机器人仍不能执行程序，需要对机器人进行重启操作。按下 Aelos 机器人背后的“复位”按钮。

（4）机器人将再次发出问候语，等待复位操作结束后，Aelos 机器人将执行程序的动作指令。

（5）在程序设计过程，需要经常点击菜单栏中的“保存”命令，及时对工程文件和动作文件进行保存，以免造成劳动成果的损失。使用“另存为”命令，可以以其他的名称保存，以起到备份作用。

本章学习了教育版软件的界面，了解了程序设计流程，在接下来的章节，将更加细致地讲解软件的使用和程序的设计技巧。准备好 Aelos 机器人和电脑，开始正式的学习之旅。

【练习】进一步熟悉软件，使用软件设计其他的动作指令。

第3章 Aelos机器人结构

课程目标：认识 Aelos 机器人的基本结构，了解关节自由度的概念，了解机器人动作设定安全常识。

本章将带领读者认识 Aelos 机器人所具有的系统和身体结构组成，并通过对 Aelos 机器人关节的学习，了解和掌握对 Aelos 机器人进行动作设定时应注意的事项。

3.1 Aelos 机器人结构组成

在第 1 章的学习中，我们已经了解到 Aelos 机器人属于仿人机器人，也就是造型像人，能模仿人类动作的智能机器设备。本节将从人和机械系统的角度对 Aelos 机器人做一个全面的结构分析。

人类从外表上分为头部、躯干和四肢，Aelos 机器人既然是仿人机器人，所以从外表上也能轻易地区分这三大部分。如图 3.1 所示，Aelos 机器人结构组成包括头部、躯干和四肢，其中四肢又分为：左手臂、右手臂、左腿、右腿。

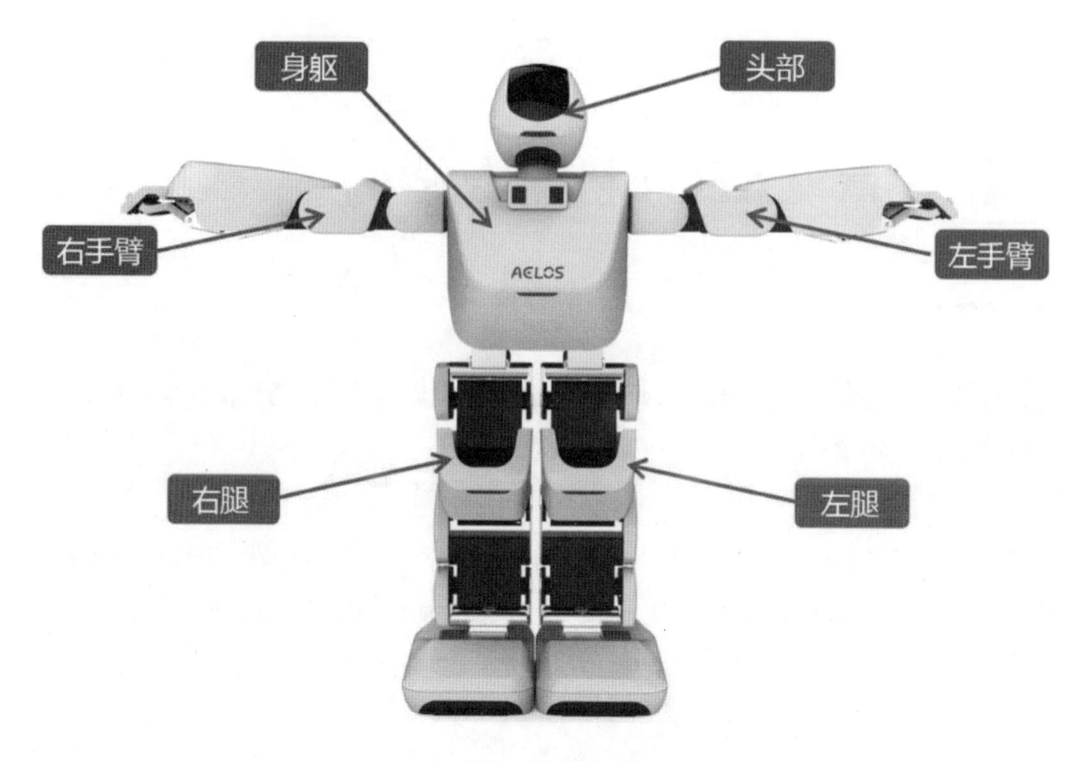

图 3.1　Aelos 机器人组成部分

当然对于机器人的认识不能只停留在表面，下面我们从功能系统的角度更深层次地认知一下机器人。机器人作为智能机械系统，一般由五个系统组成，分别是：控制系统、动力系统、传动系统、输出系统、辅助系统。这五个系统在机器人中各自发挥着不同的作用，但其间又相互协调，共同驱动机器人完成既定的动作。

从人类的角度来分析，控制系统就是由人类的大脑和神经中枢组成的，它们控制着身体协调运动；动力系统可以理解为心脏和遍布全身的血管，它们通过驱动血液流动将“能量”输送到全身；传动系统可以理解为四肢的骨骼和肌肉，受控制系统大脑和神经的指挥，四肢上的肌肉产生收缩或者舒张动作，牵引所附着的骨骼产生具体的动作，如抬起胳膊，踢出腿等；输出系统可以理解为人的嘴、手和脚，比如嘴可以说出大脑中所想的事情，手可以写出字或画出画，脚可以完成跑、跳等动作；辅助系统就是人类的感知器官，眼睛可以看到东西，鼻子可以闻到气味，皮肤可以感知温度和疼痛。

既然 Aelos 机器人是仿人机器人，就完全可以按照人类的功能系统来对应认知 Aelos 机器人的系统组成。

Aelos 机器人的控制系统由相当于大脑的控制板（实质为单片机）和相当于神经的数据线组成。Aelos 机器人的控制板（见图 3.2）并不在机器人的头部，而是放在了 Aelos 机器人的躯干部位。

图 3.2　Aelos 机器人的控制板

数据线用来将控制板的控制信号传送到机器人的全身，为了整体的美观整洁，Aelos 机器人的数据线和电源线被整合在一起，并尽可能地做了隐藏处理，以免用户设计动作时，因动作失误造成线缆断裂。图 3.3 所示的就是数据线和电源线整合后的线缆，用户可以沿着线缆查看一下，是不是一端连接到控制板上，另一端连在了一个个“神秘的黑匣子”上。

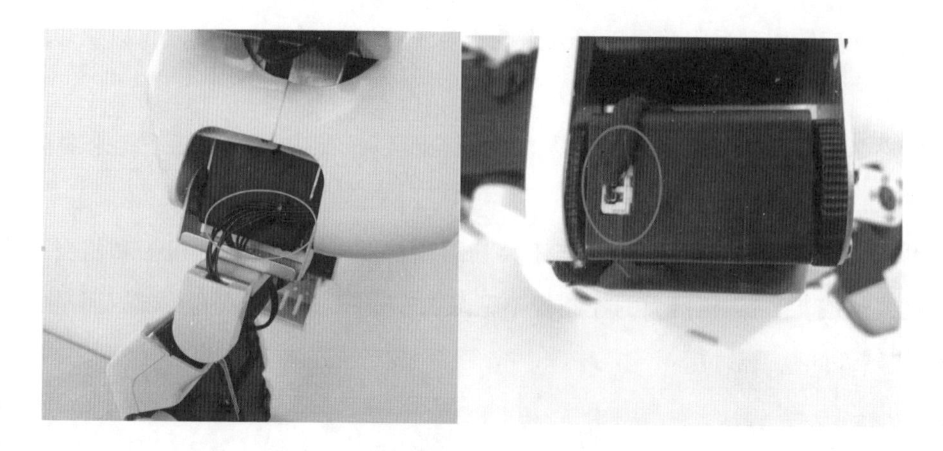

图 3.3　Aelos 机器人数据线

Aelos 机器人的动力系统隐藏得也很深，由躯干内部的电池组和遍及全身的电源线组成。电池组类似人类的心脏，源源不断地提供能量，一旦能量快要衰竭，Aelos 机器人会及时报警“电量低，请充电”，此时需要尽快给其充电。电源线当然就是“血管”了。如图 3.4 所示就是 Aelos 机器人的“能量源泉”。

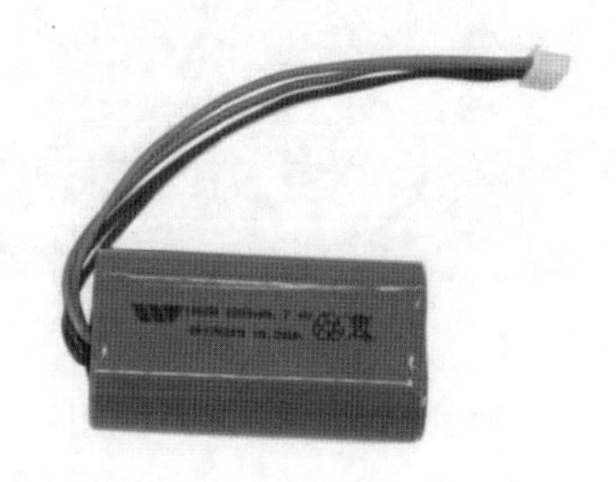

图 3.4　Aelos 机器人能量电池组

Aelos 机器人的传动系统在哪？看一下线缆最后连通的是什么部件——神秘的黑匣子。对，数个神秘的黑匣子就组成了机器人的传动系统。能数清 Aelos 机器人上有多少个黑匣子吗？告诉你，是 19 个，不是 15 个，因为还有 4 个隐藏在躯干中。这 19 个黑匣子在机器人中的分布和编号如图 3.5 所示。

“黑匣子”其实有专业的术语，称为舵机。舵？这不是船上才有的装置吗？与机器人有什么关系呢？

没错，舵机最早就是指船舶甲板上的一组庞大的机械，通过它形成的转动来控制船舵的转动，进而控制船舶的转向。因此舵机主要完成的就是控制转向工作，通过输出不同角度的旋转动作来实现。

后来，舵机经过小型化，数字化改进，被“借用”到航模、船模等领域，操作者通过控制舵机产生旋转角度来控制航模、船模的前进方向。随着机器人的发展，舵机的这种可以通过程序连续控制旋转角度变化的特点被重点应用在机器人的关节运动中，通过舵机的旋转使机器人关节转动起来，多个关节的联动就形成了复杂的机器人整体运动。

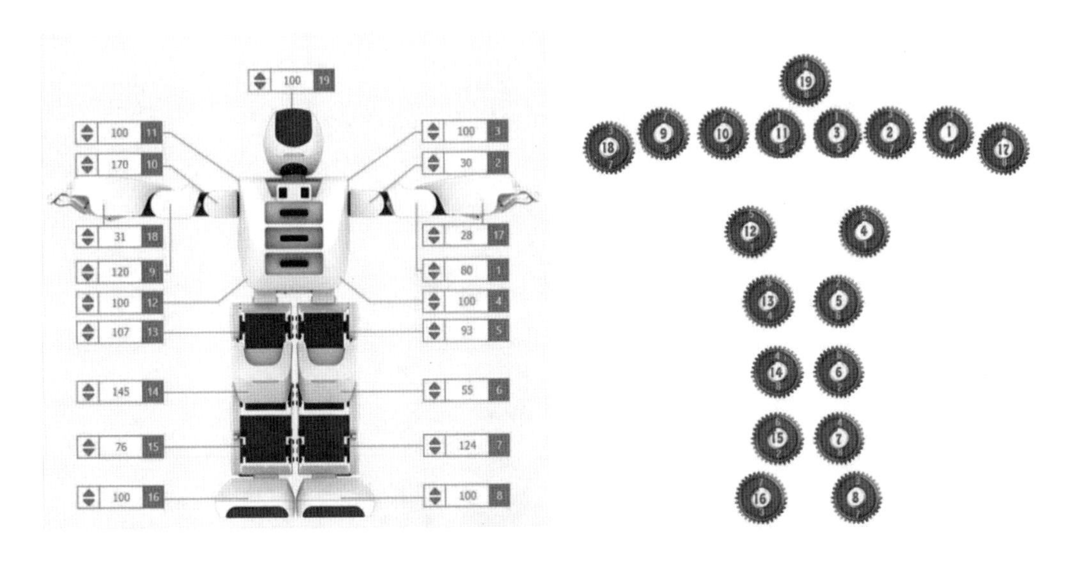

图 3.5　Aelos 机器人舵机分布和编号

Aelos 机器人的输出系统除了能看得到的“手”和“脚”外，娱乐版的 Aelos 机器人还具备说话的功能。为 Aelos 机器人提供语音功能的模块就安装在机器人头部，可以讲故事或唱歌。Aelos 机器人的头部部件如图 3.6 所示。有关 Aelos 机器人支持的声音文件格式和要求，请参看第 12 章“动作与音乐”。

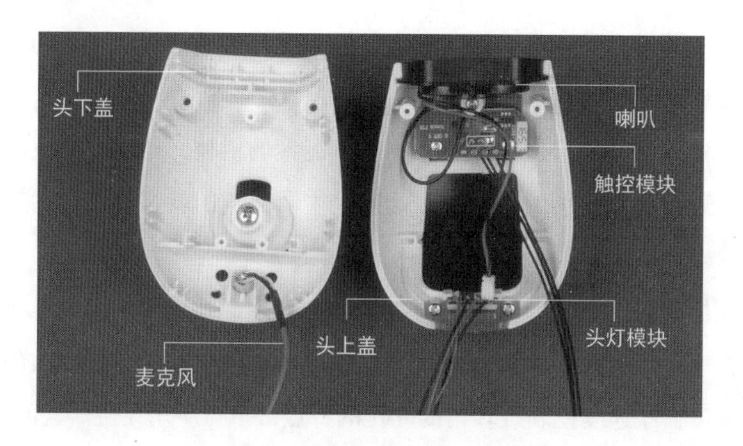

图 3.6　Aelos 机器人头部部件

Aelos 机器人辅助系统可以使其具备多种感知功能，如无线信号感知功能，即接受遥控器发出的指令信号；通过红外距离传感器，还能测量距离，感知障碍物等。在更高阶版本的 Aelos pro 机器人中，具备更强的感知功能，比如感知热度、气味、触碰以及视觉等。Aelos 机器人一定会越来越像真实的人。如图 3.7 所示

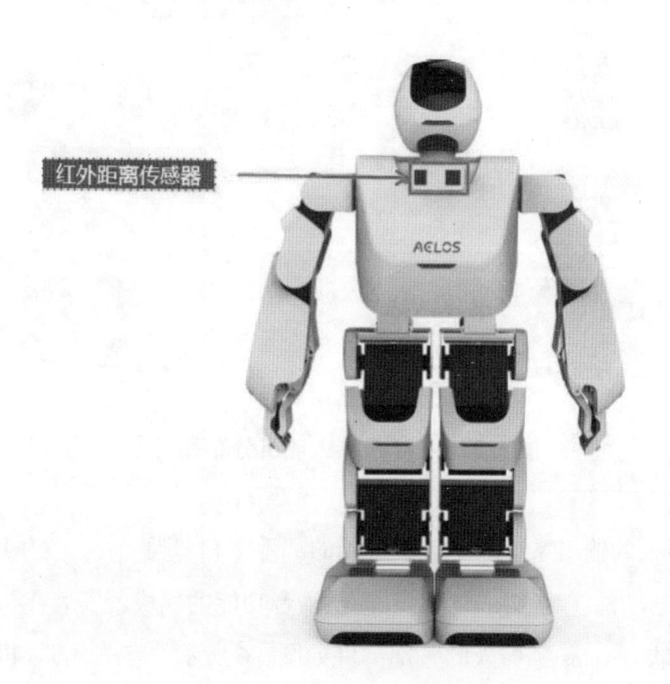

图 3.7　Aelos 机器人感知方式

3.2　Aelos 机器人关节和自由度认知

上一节学习了 Aelos 机器人的结构组成，理论上大家对机器人的系统和功能有了初步的了解。不过，这种认知还停留在静止状态，到底 Aelos 机器人是如何产生动作的呢？本节将通过“扭动”Aelos 机器人的关节来剖析一下机器人是如何做出动作的，以及为什么有些动作是无法完成的。

要分析 Aelos 机器人是如何产生动作的，先从人类自身开始分析。

尝试做以下动作：

（1）向前伸直胳膊，胳膊肘呈一条线，胳膊肘窝向上。

（2）保持上臂伸直状态，将前臂逆时针转到 90°，即上臂和前臂呈 90° 夹角。

（3）保持上臂伸直状态，继续逆时针转动前臂，看能否将前臂与上臂完全重合。

（4）恢复到胳膊伸直状态，保持上臂不动，胳膊肘窝向上。

（5）将前臂尝试做顺时针转动，注意胳膊肘窝向上。

好了，做完这一系列动作，相信大家已经有了最直接的体会。下面，就来分析总结一下。

相对于上臂，在胳膊肘窝向上的情况下，前臂只能围绕胳膊肘窝做 0 度到小于 180 度的转动；其次，由于胳膊的结构不能完全形成上臂和前臂的重合，即旋转到 180 度，更不可能超过 180 度，除非把胳膊扭断；第三，胳膊肘窝向上的情况下，前臂不能由 0 度向反方向做顺时针旋转，除非把胳膊扭断。前臂和上臂的相对旋转情况如图 3.8 所示。

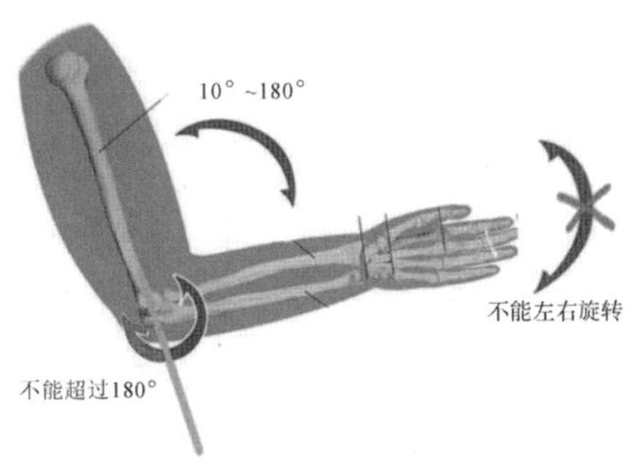

图 3.8　胳膊旋转示意图

胳膊肘是人身上的一个典型的关节结构，通过体验上述动作，以及图 3.8 所展示的旋转示意图，可以认识到以肘关节为基准，前臂只能做一种旋转，不能左右旋转。这种运动状态在机械领域被称为“自由度”（机器人行业沿用）。

任何一个没有受约束的物体，在空间均具有 6 个独立的运动，这种独立运动被称为构件的自由度。

以如图 3.9 所示的长方体为例，它在直角坐标系 *OXYZ* 中可以有 3 个平移运动和 3 个转动。3 个平移运动分别是沿 *X* 轴、*Y* 轴、*Z* 轴的平移运动，3 个转动分别是绕 *X* 轴、*Y* 轴、*Z* 轴的转动。习惯上把上述 6 个独立运动称作 6 个自由度。

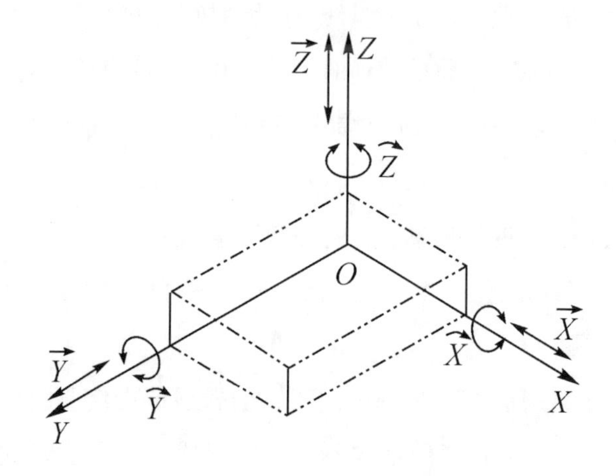

图 3.9　六个自由度示意图

如果采取一定的约束措施，消除物体的 6 个自由度，则物体被完全定位，此时物体就没有了自由度。

对照肘关节，如果固定上臂不动，不能将上臂运动造成的肘关节跟随运动认为是肘关节的自主运动，这不能算是肘关节的自由度。

Aelos 机器人作为仿人机器人，身上遍布类似肘关节这样的关节结构。下面就来分析一下 Aelos 机器人的胳膊和腿部关节的组成和运动自由度。

首先来认识一下 Aelos 机器人的肘关节，将它的肘关节和人类的肘关节做一个对照学习。如图 3.10 所示，Aelos 机器人的肘关节是由两个舵机和连接部件组成的，舵机 1 控制上臂，舵机 2 控制前臂，中间的连接金属片就是肘关节了。

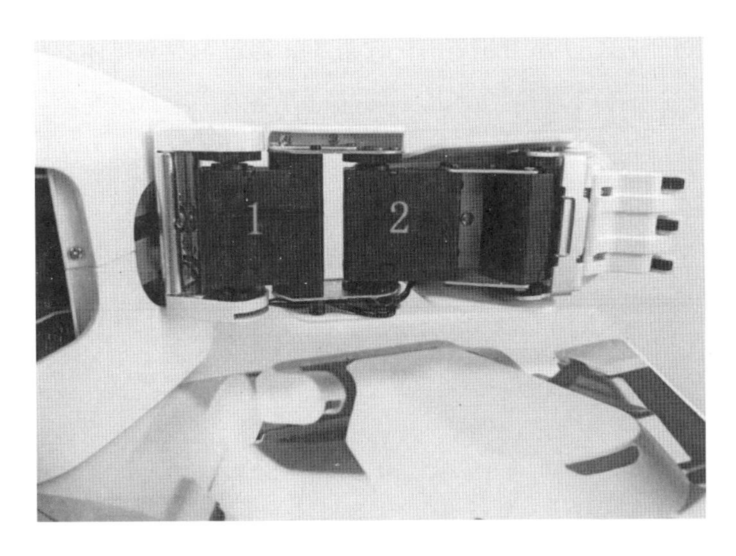

图 3.10　Aelos 机器人的肘关节

仔细观察舵机的结构组成，在机器人未开机状态下，尝试对舵机 2 进行多方位的适当力度扭动，用户可以发现，舵机上只有轮盘和匣体可以进行相对转动，如图 3.11 所示。即轮盘只能绕某个轴转动，不能绕其他两个轴转动，更不能在 X 轴、Y 轴、Z 轴向上做平移运动。所以，Aelos 机器人的肘关节也只有一个自由度。

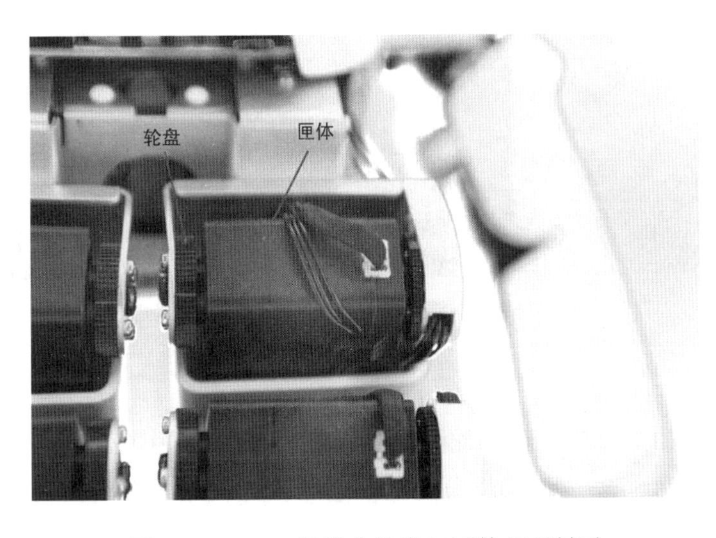

图 3.11　Aelos 机器人轮盘与匣体相对转动

Aelos 机器人的左右手爪分别各有一个舵机，通过轮盘和匣体的相对转动，可以实现机械手的张合、抓取等手爪运动。即左右手爪各有一个自由度。

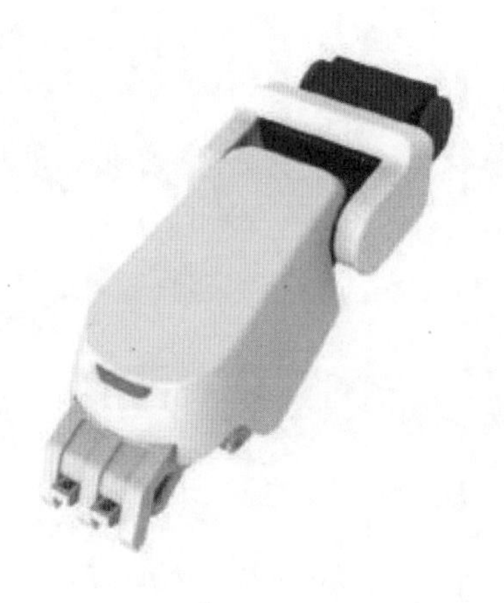

图 3.12　Aelos 机器人的手爪

Aelos 机器人的头部也配备了一个舵机，可以使 Aelos 机器人实现头部的左右转动。

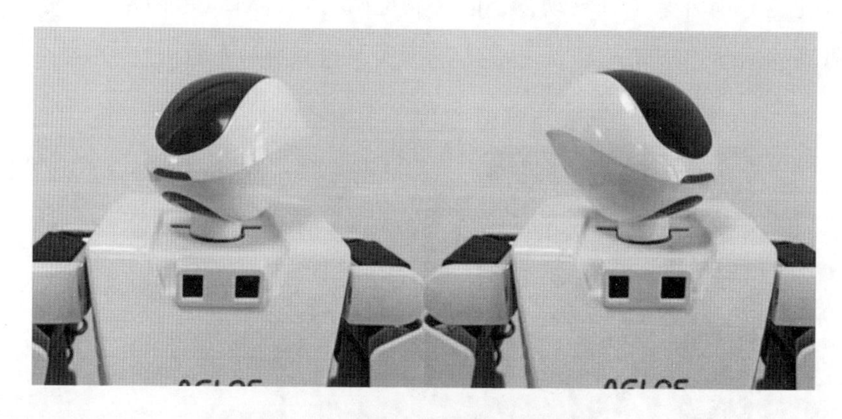

图 3.13　Aelos 机器人的头部

Aelos 机器人的腿部是由四个舵机和连接部件组成的，用来实现 Aelos 机器人的腿部运动。如图 3.14 所示，为 Aelos 机器人的腿部。同学们可以计算一下机器人腿部的自由度。

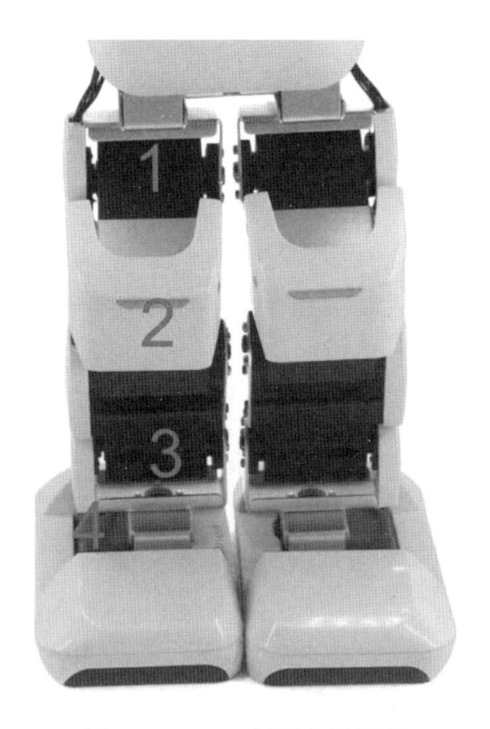

图 3.14　Aelos 机器人的腿部

总结一下，Aelos 机器人各关节的运动是由匣体上的轮盘旋转产生的，轮盘以匣体上的固定螺丝为圆心，绕穿过两个轮盘的轴进行旋转，不能相对于匣体做平移运动，也不能绕其他轴向转动。

所以，尽管人类“可怜的”肘关节只有 1 个自由度，但是不要紧，一旦上臂能动起来，上臂的自由度加上肘关节的自由度，就足以使胳膊完成复杂的动作。由此推及 Aelos 机器人，虽然每一个关节只有 1 个自由度，但是 19 个关节组合在一起，整个机器人就有了 19 个自由度，那就可以形成 $180^{19} \times 40^{2}$ 种动作。不用为 Aelos 机器人的灵活性震惊，它是一个低调的机器人。为什么是 180 和 40，而不是其他数字呢，且看下文。

上文讲解了人类的肘关节受骨骼和肌肉组织的限制，只能做 10° 到 180° 的旋转，超过 180° 就只能扭断关节了。同样，Aelos 机器人作为仿人机器人，也“不得不”接受这一“限制”。不过，机械结构终究比人的骨骼受限少，Aelos 机器人关节一般旋转角度设定为 180° 以内（除了左右手爪），不同关节位置起始角度和终结角度数值不同，但顺时针和逆时针旋转方向上最大都不会超过 90°，若超过限度就会损坏机器人关节。如扭转 Aelos 机器人手臂（请在未开机状态下进行），体会顺时针和逆时针的 90° 旋转扭动，如图 3.15 所示。

图 3.15　Aelos 机器人肩关节转动最大限度

注意达到 90° 时，机器人关节会有阻抗，此时千万不要继续生硬用力扭转，否则会损坏机器人关节，造成舵机的损坏。

下面，总结一下扭转 Aelos 机器人关节多级的安全规范：

（1）在 Aelos 机器人开启状态下，四肢是加电锁定的，切勿生硬扭动机器人的四肢，以免损坏。

（2）必须沿着轮盘可转动的方向用适当的力度扭转关节部位。

（3）如果关节部位无法继续扭转，首先要判断是否达到最大限度，若已达到最大角度，切勿再用力扭转，否则将损坏机器人部件。

（4）切勿垂直于轮盘平面进行扭动，否则一定会损坏机器人部件。

【练习】探究学习：自主分析一些其他类别的机器人的自由度、特点和用途。

第 4 章　动作指令设计入门

课程目标：认识动作指令的基本设计方式，了解动作数值、动作指令和舵机的对应关系，掌握遥控器基础使用技能。

在第 2 章的学习中已经对软件有了基本了解，并就动作指令设计流程有了初步的认识。本章将重点学习动作数值、动作指令与舵机之间的对应关系，掌握三种设计动作指令的方法。

4.1　机器人程序指令分类

为了让机器人更高效的工作，工程师在机器人的“大脑”中装了一些程序用来调动传感器等，但是怎么启动这些程序呢？尤其是想要自己编写动作文件让机器人执行的时候怎么让机器人来实现我们的想法？这就需要用户给机器人编程，这个程序是用户在电脑或者手机上给机器人编的，所以我们称为“软件程序”。

在生活中同样的一个意思可以有很多种表达方法，比如要表达今天没吃早饭，可以说成我没吃早饭，或者我早上没吃饭，甚至还有很多种说法。同样，我们给机器人编写软件程序相当于借助电脑告诉机器人一些指令。与生活中不同的是，这些指令只能有一种表达方式，而且需要让电脑、机器人都可以理解这种表达方式，这就是我们要讲到的程序和指令。

其实前面对程序和指令已经有所接触，只不过为了让用户更容易学习和掌握，把指令“包装成”积木模块，按照一定的逻辑拼合这些积木模块，即可完成编程工作。下面，就来简单认识一下这些积木模块，了解一下控制机器人的程序指令都有哪些类型。

4.1.1　控制指令模块

控制指令是指令中固定的格式，控制指令不多，但是可以组合使用，这样机器人就可以在有限的指令中完成很多动作。下面仅仅对这些指令模块进行简单的介绍，在后续的教材中我们将做深入讲解。

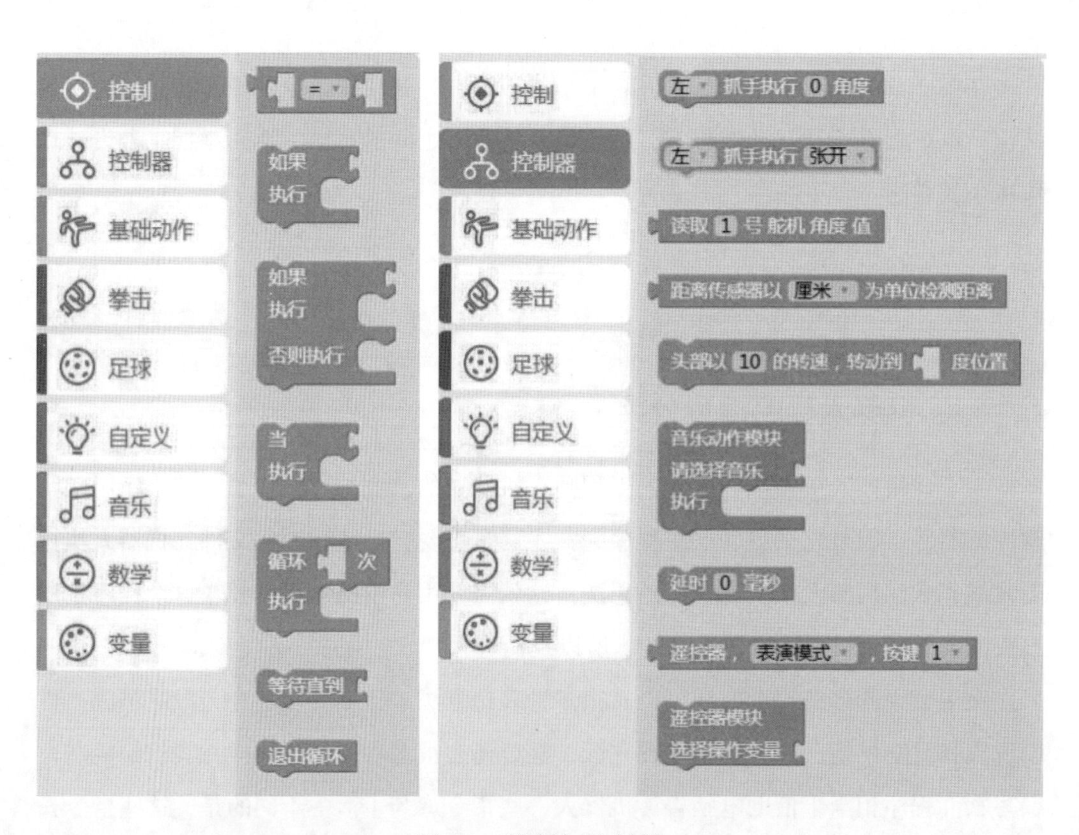

图 4.1　控制与控制器

模块 1：无限循环

循环结构中的一种，也称当型循环。这类程序可以理解为“当满足……时，执行某一段指令，否则就终止这个循环”。

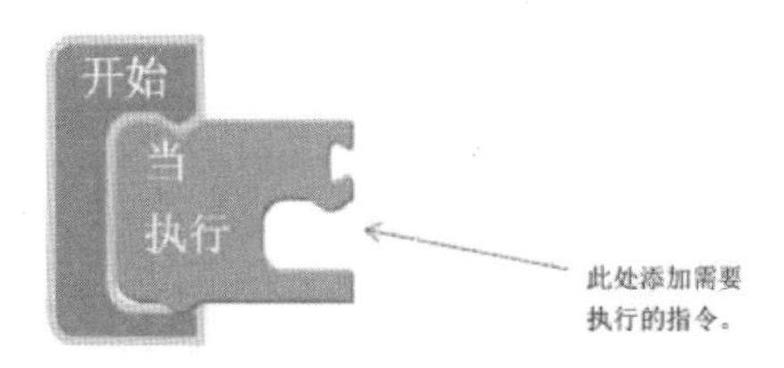

图 4.2　无限循环

模块 2：For 循环

For 型循环也属于循环结构，我们依然可以在属性面板中修改循环指令的循环次数和循环条件。如图 4.3 所示，我们设定当遥控器的 1 号键输入信号时，指令循环 5 次。

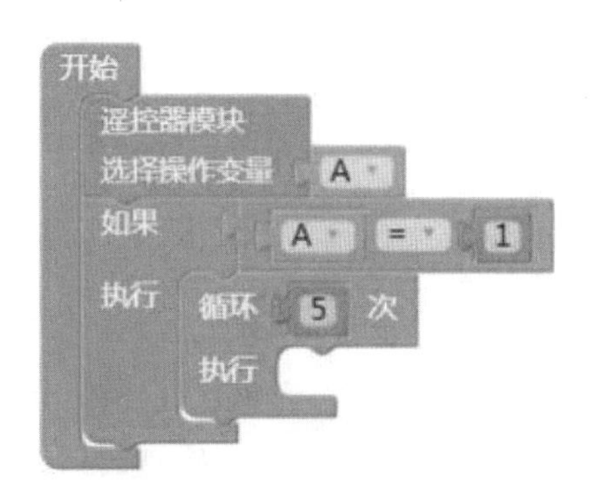

图 4.3　For 循环

模块 3：判断条件

判断条件是选择结构，即先进行条件判断，当条件满足时执行指令 1，条件不符合时执行指令 2，如图 4.4 所示。这种结构我们也称之为分支结构，就像是一个三叉路口，面前两条路，只能选择一条作为前进的方向，而另一条就不会被执行了。

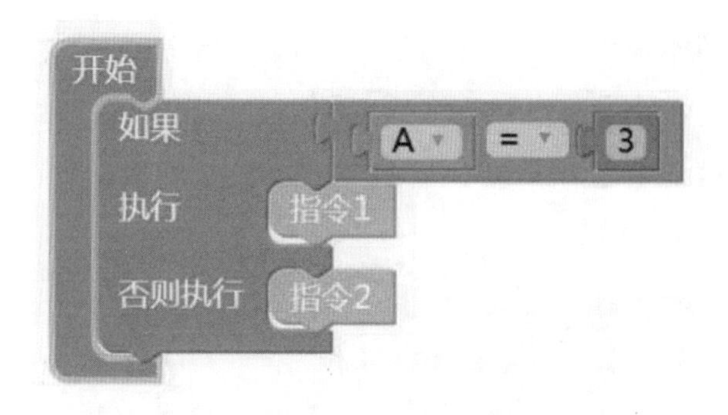

图 4.4　判断条件

模块 4：遥控器

遥控器可以看成是一个卫士，它会“阻断”程序的运行，但是当你手里的遥控器发出指令时，相当于是一个人拿到了一把有了编号的钥匙，卫士就会放行，开始执行遥控器所下的指令。卫士把遥控器下边的指令都“上了锁”，只有你手中的钥匙与指令上的“锁”匹配时，机器人才会执行指令，那些“打不开的指令”机器人照样不会执行。

4.1.2 动作指令模块

用户已经知道了控制指令模块的作用，机器人如果都是控制指令，那就没有什么好玩的了。想要机器人能够执行用户构思的动作，就需要设计动作指令。当然为了防止指令的“唯一性”被破坏，这些动作指令都是我们操作机器人和电脑后，最后自动生成的。当然这并不影响用户对机器人编程和开发，因为机器人的动作指令是无限的，只要学会了怎样设计动作指令，然后对指定的任务或者比赛设计指定的动作指令模块，再搭配控制指令模块就可以完成各种各样的任务了。

在教育版软件中，工程师给出了三套动作，分别放在基础动作、拳击、足球的模块中。我们可以直接调用这些已经编好的动作指令模块，配合控制指令模块来进行舞蹈表演、拳击对抗和足球竞技等。

4.2　动作指令模块设计方法

通过前面几章的学习，相信读者已经掌握了 Aelos 机器人的基本结构，了解到是舵机的旋转驱使 Aelos 机器人做出动作。本节重点学习三种动作指令的设计方法，并让读者在设计方法的学习过程中了解动作数值、动作指令和舵机之间的对应关系。准备好 Aelos 机器人和计算机，准备开始吧。

有关计算机正确安装动作指令设计软件，Aelos 机器人正确连接计算机，串口设置等基础知识请参看第 2 章“初识动作指令设计软件”。

4.2.1　手工扭转法

手工扭转法就是徒手直接扭动 Aelos 机器人关节处的舵机，通过旋转舵机驱动肢体进行空间变换，最终形成既定的动作。

手工扭转法适合快速设计动作，但是，由于手工的不确定性，用该方法设计的动作 误差会较大，很难一步到位。要提高手工扭转法的精度，一是加强手部功能的锻炼，二是需要使用后面的方法进行微调。

下面将通过设计一个抬起手臂的动作，体验手工扭转舵机设定动作的方法。

操作　手工扭转法练习

（1）打开教育版软件，选择 Aelos lite 型号新建工程文件。用 USB 数据线连接 Aelos 机器人与计算机，打开 Aelos 机器人电源，选择串口后完成 Aelos 机器人与计算机连接。软件操作界面如图 4.5 所示，若有疑问请参看第 2 章“初识教育版软件”。

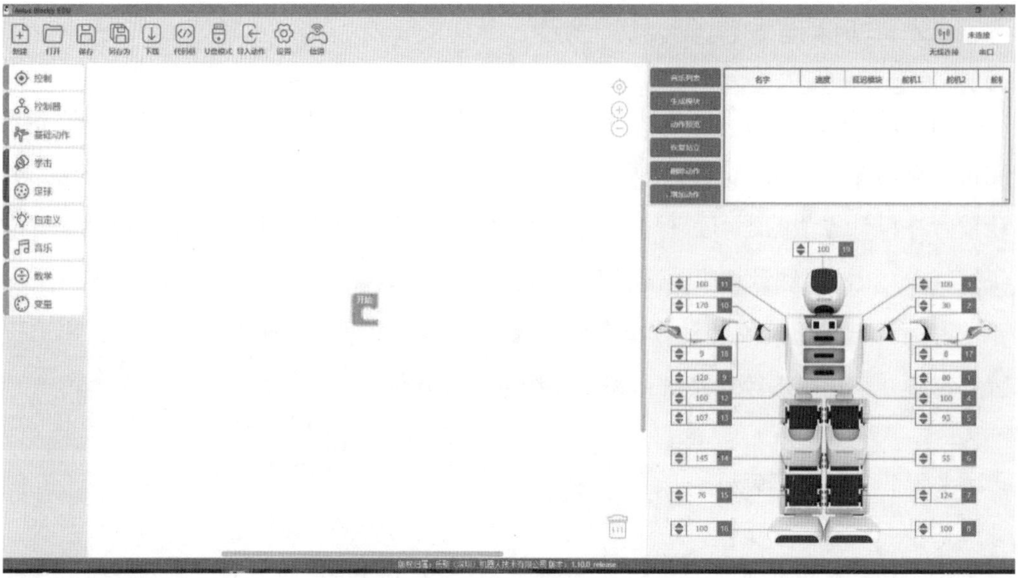

图 4.5　操作界面

（2）在设计动作之前，给该动作增加一个站立动作。在动作视图区中，点击“增加动作”，会出现站立动作的关键帧。

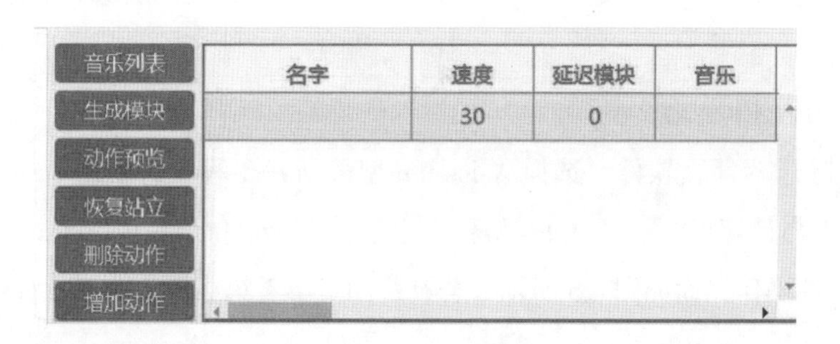

图 4.6 增加站立动作

（3）完成以上操作后将进入动作的实质设计阶段。确认 Aelos 机器人与电脑正确连接，尝试扭动机器人胳膊上的肘关节部位，将感觉到即使力度较大也无法扭动 Aelos 机器人肘关节处的舵机。

Aelos 机器人处于正常运行状态时，所有舵机是处于锁定状态的，此时无法对任何舵机进行扭转。

Aelos 机器人处于正确连接电脑的情况下所有舵机也是处于锁定状态的，此时无法对任何舵机进行扭转。

若要扭转 Aelos 机器人的舵机，需要对舵机所在的肢体进行解锁。例如要扭动 Aelos 机器人的左臂就需要对 Aelos 机器人左臂进行解锁，解锁后才能扭动左臂。

要对 Aelos 机器人进行解锁才能进行扭转操作，加锁、解锁操作需要在机值视图中进行，如图 4.7 所示。

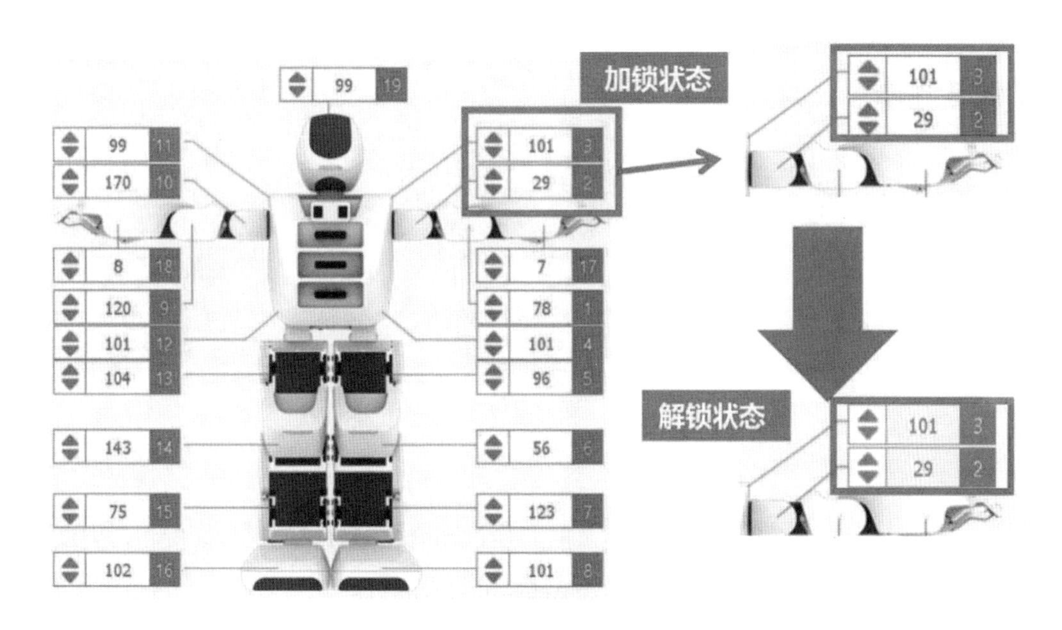

图 4.7　加锁解锁操作界面

（4）点击 1、2、3 号舵机上的蓝色小方块，将舵机解锁，舵机解锁后方块颜色为灰色。

（5）解锁后就可以对机器人的左臂进行扭动，可以从肩部开始，逐个舵机进行扭动，注意感受解锁后扭动舵机所需要的力度。

尝试对 Aelos 机器人右臂进行解锁，按照左臂的调整方法，将右臂调整到位，整体效果如图 4.8 所示。

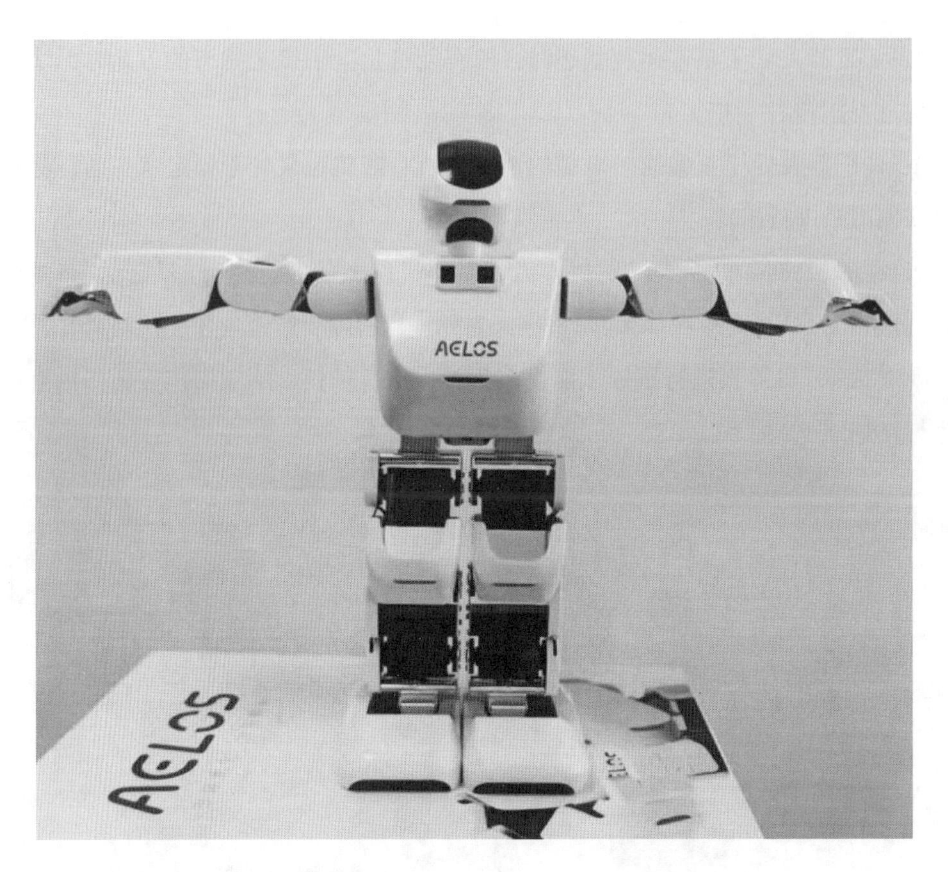

图 4.8　扭转 Aelos 机器人左右手臂至平齐状态

注意：一定要环绕舵机两个轮盘之间的连接轴进行顺时针或逆时针旋转，力度适当。如果采用暴力进行扭转，就会损伤 Aelos 机器人舵机。

（6）当用户将左右手臂动作调整到满意状态，需要再次锁定左右手臂，然后点击“增加动作”，把动作指令加载到动作视图区中的动作指令模块条目中。

注意：如果在扭转舵机后，没有对相应的舵机进行加锁，那么增加动作操作将无法记录当前舵机的状态，即无法记录新的动作状态。

（7）完成动作增加后，点击动作视图区中的“生成模块”，在弹出的小窗口中输入动作名字，如“抬起手臂”，点击确定。编辑区会出现一个名为“抬起手臂”的模块，这个模块就是前面设计的动作指令模块。

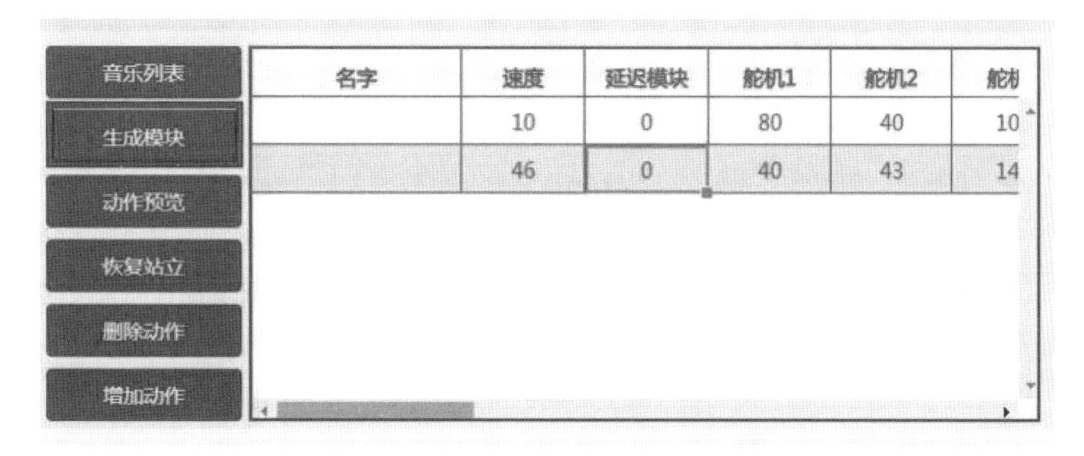

图 4.9　生成模块

（8）将“抬起手臂”模块拖入开始内，点击下载。

图 4.10　下载完成标示

（9）拔掉 Aelos 机器人身上的 USB 数据线，按下“复位”按钮重启 Aelos 机器人。成功重启后，机器人就会执行“抬起手臂”这个动作。

使用手工扭转法可以锻炼用户的手部技能。尤其是复杂动作，不但需要有很好的空间想象力，还需要团队作战，几个人相互配合才能完成，可以使青少年具有团队精神。

4.2.2　舵值调整法

手工扭转法比较适合快速设计动作，但缺点就是动作精度相对较差，尤其是初级用户，对舵机的阻尼掌握不好，很容易造成扭转不到位或者超过既定位置的情况。青少年由于手部力量弱，很难在 Aelos 机器人全身解锁的情况下，一只手托住 Aelos 机器人，用另一只手去完成扭转操作。因此，在手工扭转的基础上，还要配合舵值调整法进行动作的调整。

首先来了解一下 Aelos 机器人身上的舵机位置、舵机编号和舵机数值。打开动作指令设计软件，在舵值视图中将出现 Aelos 机器人舵机示意图，如图 4.11 所示。

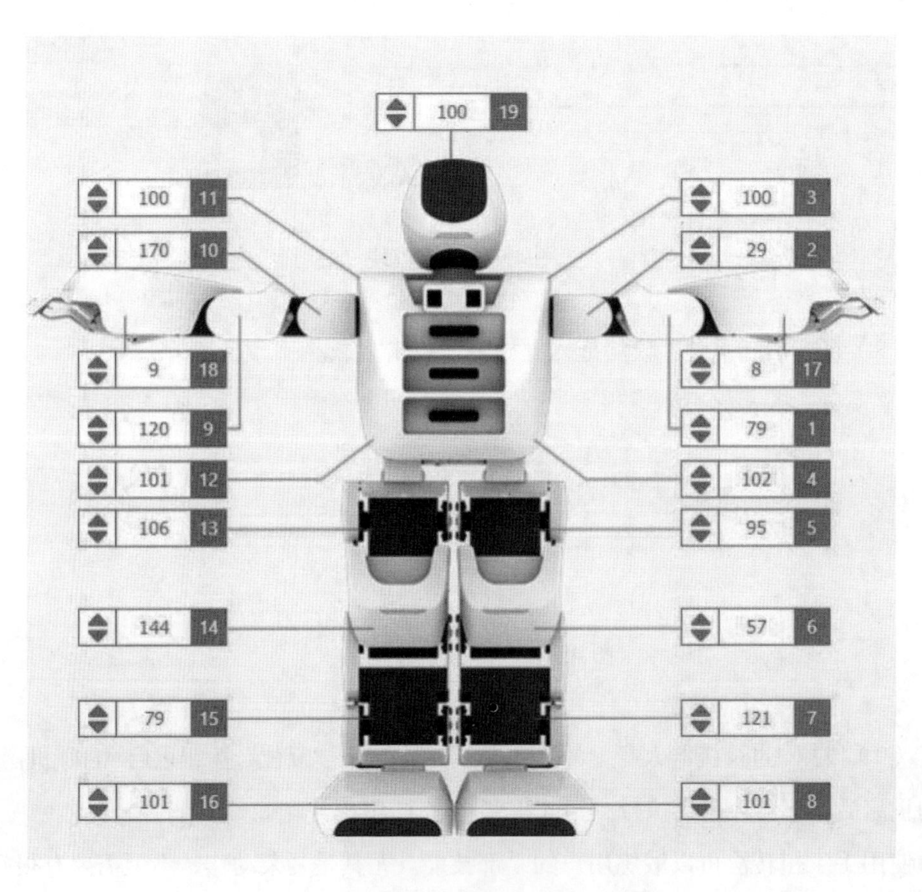

图 4.11　Aelos 机器人的舵机位置和编号

从图中可以看出，Aelos 机器人的舵机是按照肢体关节进行编号的，其中左手臂由舵机 1、舵机 2、舵机 3 构成；右手臂由舵机 9、舵机 10、舵机 11 构成；左腿由舵机 4、舵机 5、舵机 6、舵机 7、舵机 8 构成；右腿由舵机 12、舵机 13、舵机 14、舵机 15、舵机 16 构成。左手爪由舵机 17 构成，右手爪由舵机 18 构成。头部由舵机 19 构成。

接下来学习如何通过调整舵机的数值来改变 Aelos 机器人的动作。特别提示，使用舵值调整法时，不需要对 Aelos 机器人肢体进行解锁。

操作　调整右手臂舵机 9

（1）打开软件，使用正确的串口连接计算机和 Aelos 机器人。

（2）使用鼠标双击数值框，直接输入合适的数值，数值范围为 10 到 190，注意观察 Aelos 机器人手臂的动作变化。

注意：1—16 舵机及舵机 19 的旋转角度设定在 0 到 180 度，所以能够设定的数值为 10 到 190。舵机 17、18 的旋转角度设定在 0 到 40 度，能够设定的数值为 0 到 40。

（3）使用鼠标点击舵机数值两侧的三角形按钮，注意观察数值的变化和 Aelos 机器人手臂的动作变化。每次点击，舵机数值将按照单位为 1 的标准进行变化，同时对

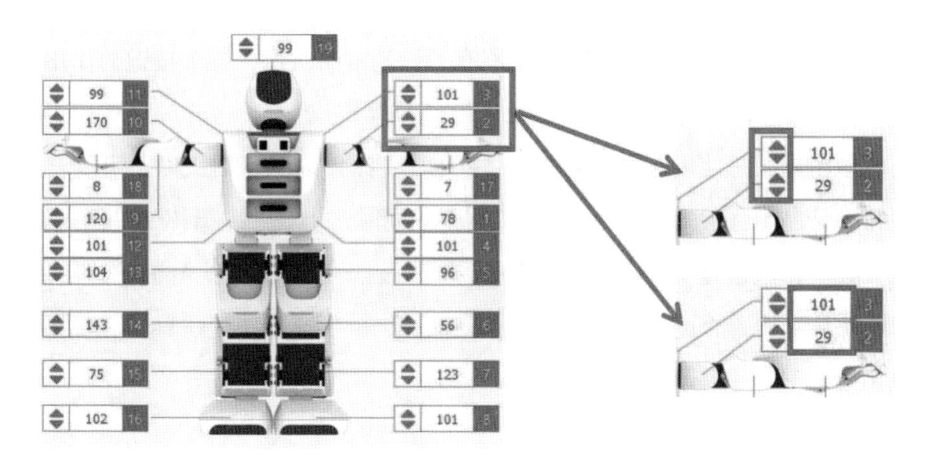

图 4.12　改变舵机的数值

应的舵机会进行相应的转动，产生动作的变化。可以看到 Aelos 机器人手臂变化的细微程度，这种调整方式最适合微调动作。

（4）调整完毕后，依然需要执行“插入动作”才能将调整后的动作保存下来。

注意：在执行“加载动作”时，要确认 Aelos 机器人的状态（加锁还是解锁），未加锁的状态无法存储于当前动作中，牢记。

（5）点击“生成模块”，输入新动作的名字并保存。

有关动作指令模块设计方法就简单介绍这些，在 Aelos 机器人专业教程的技术篇中将更加详细地介绍动作指令模块和控制指令模块等。用户们可以体会到编写代码的乐趣，也会更进一步感受编程对控制 Aelos 机器人的重要性。

舵值调整法和手工扭转法都是用户在调整动作时强有力的帮手。这两个方法各有利弊，在使用时可以配合使用。设计好的动作指令模块通过教育版软件直接绑定遥控器的按键进行操作。如果用户是一个人在学习，可能不会遇到遥控器干扰的问题。如果是多名用户同时使用各自的遥控器控制各自的机器人，由于遥控器的设置和机器人接受命令的“信道”是相同，因此会出现相互干扰的问题，这不是什么 BUG。请按照下面的讲解改变遥控器的信道设置，即可避免互相干扰的问题。

4.3　设置遥控器信道

通过前面的学习，我们已经对遥控器有了最基本的认识，各个按键的作用也有相应了解。若不熟悉，请重新学习第 1.2.2 节“遥控器构成”。

当多名用户同时使用各自的遥控器去控制各自的 Aelos 机器人时，可能会出现意想不到的情况，就是在遥控自己 Aelos 机器人的同时，也顺便“指挥”了别人的 Aelos 机器人。其实，这也是 Aelos 机器人应用场景之一，可以给多个 Aelos 机器人设定一样的舞蹈动作，然后通过一个遥控器去控制执行，就形成了一起跳舞的壮观场面，如图 4.13 所示。

图 4.13　Aelos 机器人集体跳舞

当然，如果是自己的 Aelos 机器人被别人遥控了那就不爽了。为什么会造成这样的问题？该怎么解决呢？

首先来认知一下遥控器是如何控制 Aelos 机器人的，再来分析造成被遥控的原因。

遥控器其实就是一种无线遥控装置，由操作装置、编码装置、发送装置、信道（这是关键）、接收装置、译码装置和执行机构等组成。

常用的热门无线协议主要包括 Wi-Fi、蓝牙、zigbee 等，目前多采用 2.4GHz 无线技术来制造遥控器和无线鼠标之类的产品。

2.4GHz 所指的是一个工作频段，它的频段率是 2.4GHz — 2.4835GHz，Wi-Fi、蓝牙都工作在这一频段。2.4GHz 无线技术是一种短距离无线传输技术，以电磁波形式传播，使用范围大，抗干扰能力强。

如果将 2.4GHz 所有的频段混在一起使用，那将造成极大的浪费，就如同高速公路一样，再宽敞的高速公路如果只有一条车道，大货车、小轿车混行，势必相互影响，降低行车速度。因此将高速公路划分成多条车道，各行其道就不会相互影响了。

高速公路划分的车道类似于无线电领域的信道，2.4GHz 使用的无线频段 2.4GHz — 2.4835GHz 被划分为 11 个或 13 个信道（802.11b/g 网络标准）。使用不同的信道进行信号活着数据传输，就能充分有效的使用全部频段，还能有效避免某一频段拥挤。

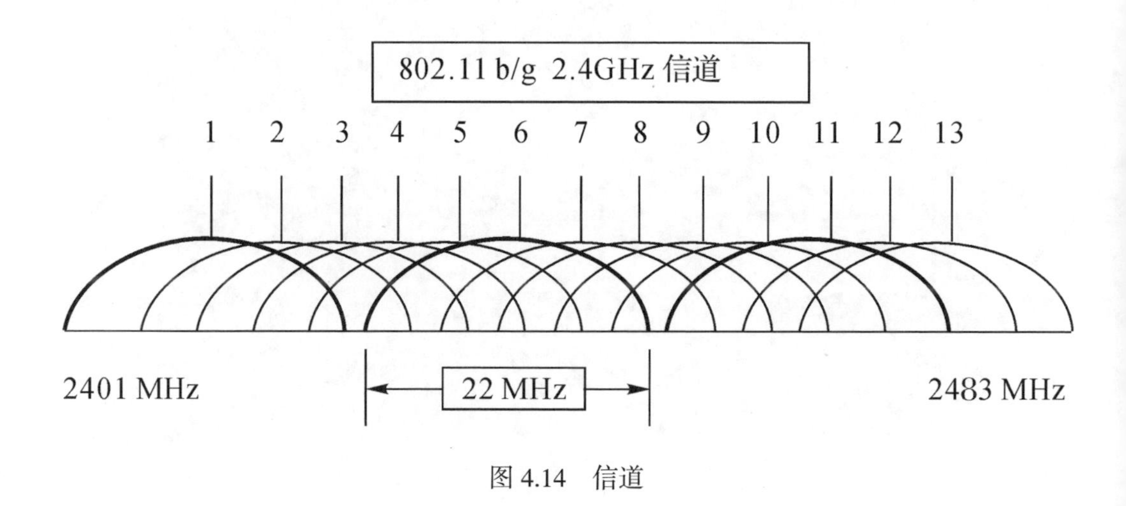

图 4.14　信道

所以，遥控器信道不同就表示遥控器发射信号频率的不同，通过设置不同的信道（发射频率），完成对 Aelos 机器人专属控制，使其他遥控器不能对特定的 Aelos 机器人进行控制。

Aelos 机器人和遥控器采用的是相同的技术，因为在出厂时遥控器和 Aelos 机器人的信道都被设置为同样的数值（默认初始信道为 002），这就造成了一台遥控器不但能控制自己的 Aelos 机器人，还顺便"拐带"着操控别人的 Aelos 机器人。这也不是什么 BUG，只要修改遥控器和 Aelos 机器人的信道设置即可。

下面就来学习一下如何设置专属的遥控器，即设置遥控器和 Aelos 机器人使用特定信道。

操作 1　设置遥控器的信道

（1）打开遥控器电源，同时长按 6 号、7 号按键（Y 和 A 键），听到发声装置长响后表示进入遥控器信道设置状态。

图 4. 15　遥控器信道设置模式

（2）进入信道设置模式后，屏幕会显示当前遥控器的信道值。

（3）遥控器的信道值为两位数字，左摇杆控制十位，右摇杆控制个位，摇杆向上以增加数值，摇杆向下以减少数值。

（4）在设置完成后，点击遥控器“主页面”按键以保存设置。

操作 2　设置 Aelos 机器人的信道

（1）将 Aelos 机器人与计算机正确连接，在软件的操作栏中点击“信道设置”，如图 4.16 所示。

图 4.16　设置 Aelos 机器人信道

（2）进入信道设置功能，输入信道号。例如设置信道为“003”，在其中输入 003，然后点击“确定”即可。

（3）完成设置后按下 Aelos 机器人的复位键，等待 Aelos 机器人恢复到开机状态，Aelos 机器人信道设置完成。

（4）此时即可以使用遥控器对自己的 Aelos 机器人进行专属控制了。

操作 3 遥控器按键号设置

（1）在控制器中选择“遥控器模块”，拖曳至开始内。

（2）创建变量，拖曳至遥控器变量中。

（3）添加条件，如果“A=？（按键数）”执行什么，或者当“A=？（按键数）”执行什么。（按键数 1~12）。

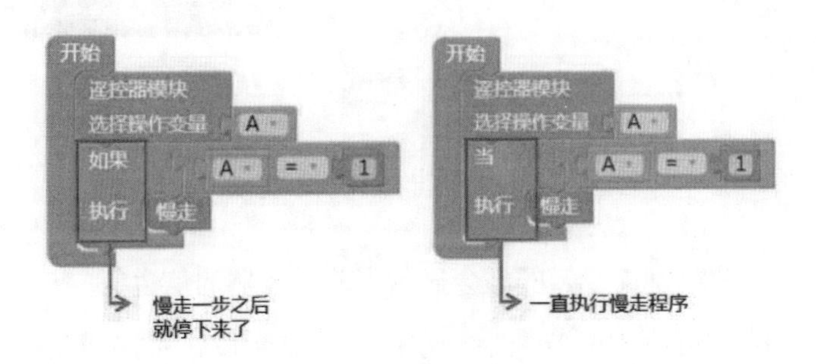

图 4.17 遥控器按键号设置

操作 4 遥控器多种模式选择

上述过程中没有进行模式选择即为“兼容模式”。下面讲解一下多种模式的选择：

（1）在控制器中选择“遥控器【选择模式】【选择按键】”模块。

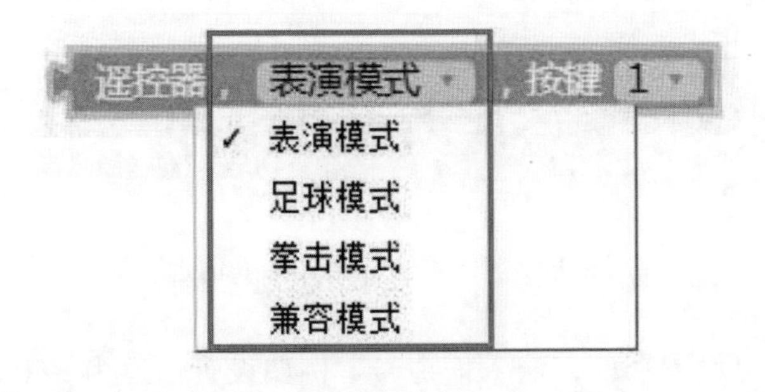

图 4.18 多种模式选择

（2）这个遥控器模块有四种模式可以选择，每种模式有 12 个按键。但是表演模式、足球模式、拳击模式的 LT、LB、RT、RB 按键不可以在一个程序同时设置。

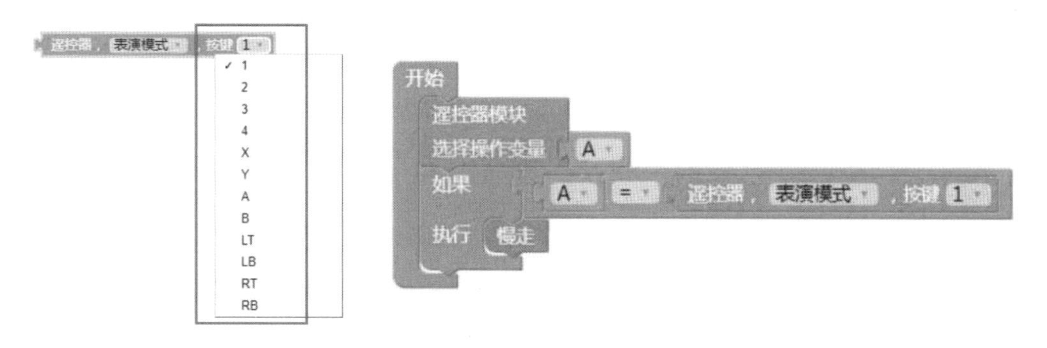

图 4.19　遥控器按键

【练习】Aelos 机器人，前进!

尝试设计动作指令并分配给遥控器按钮，再控制 Aelos 机器人完成动作。

第5章　动作的编辑

课程目标：掌握动作指令模块的相关编辑功能，学习保存和编辑动作指令模块等操作。

5.1　动作指令模块编辑

通过上一章的学习，我们对 Aelos 机器人的动作指令设计流程有了一定的了解，下面来学习编辑 Aelos 机器人动作的相关知识。对 Aelos 机器人进行动作指令模块编辑，可以使 Aelos 机器人动作组织更协调，动作更完美，下面就开始学习。

动作视图区以条状记录的形式，显示每个动作指令模块的详细信息。一个动作指令模块可以是单一动作，也可以包含一组动作。每一条条状记录包括动作的名字、速度、延迟模块、速度、搭配的音乐、各舵机的角度值以及刚度等。

音乐列表	名字	速度	延迟模块	舵机1	舵机2	舵村
生成模块		30	0	79	29	10
动作预览						
恢复站立						
删除动作						
增加动作						

图 5.1　动作视图区

在动作视图区中，也可以对所显示的动作进行预览、修改、删除或者将整组动作打包成一个新的模块。前面用户已经学习了如何进行增加动作，在此基础上，我们可以进一步对动作指令模块进行调试和优化。

操作 1　调整动作顺序

一般一个动作指令模块中都会包含多个动作，这些动作会按照由上到下的顺序依次执行。在动作视图区中，可以对某个动作的顺序进行调整。

（1）用鼠标右键点击想要调整顺序的动作条状记录，会弹出“上移”“下移”的选项。

名字	速度	延迟模块	舵机1	舵机2	舵
	30	0	79	29	1
	30	0	79	29	1
	30	0	79	29	1
	30	0	79	29	1
	30	0	79	29	1
	30	0	79	29	1

图 5.2　调整动作顺序

（2）点击“上移”，该动作条状记录会依次向上挪移一个位置；点击“下移”，该动作条状记录会依次向下挪动一个位置。

注意：当动作指令模块中包括的动作较多时，想要辨识不同动作的位置和顺序，很容易会产生混淆。在此建议用户，可以在“名字”一栏对每个动作进行标注，这样可以比较清晰地进行动作的识别，降低动作指令模块编辑过程中发生错误的可能性，提高调试效率。

操作 2　动作预览

（1）在动作视图中，点击任意动作条状记录，Aelos 机器人会执行该动作，用于单步动作的修改。

（2）点击至第一条动作，再次点击左侧的“动作预览”，机器人会从第一个动作执行到最后一个，可以用来观察该动作整体是否流畅或稳定等。

音乐列表
生成模块
动作预览
恢复站立
删除动作
增加动作

舵机8	舵机9	舵机10	舵机11	舵机1:
100	120	170	100	100
99	120	91	100	99
99	75	21	99	99
99	20	21	99	99

图 5.3 动作预览

5.2 导入动作

通过前面的学习，掌握了如何建立自己的工程文件，并学习了对工程和动作的相关编辑进行保存的操作。为 Aelos 机器人设计和调整动作指令模块不是一蹴而就的，有的时候还要有“拿来主义”，就是把别人编辑好的动作引入到自己的工程文件中，从而产生事半功倍的效果。下面就来学习一下如何导入动作。

（1）在菜单栏中点击“导入动作”，从弹出的窗口找到所需要的动作指令文件。

（2）动作指令文件是以 .src 为后缀名的文件。

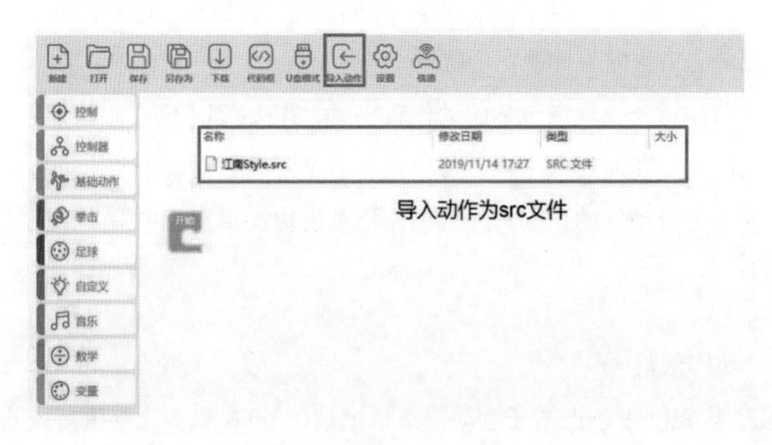

图 5.4 导入动作

（3）导入的动作文件会出现在自定义模块中，如图 5.5 所示，用鼠标拖动导入的动作指令模块至编辑区，即可以使用。

图 5.5　自定义模块

【练习】做动作指令模块编辑和导入动作的相关操作。

第 6 章　动作关键帧

课程目标：了解动画关键帧；认知关键帧在动作设计中的重要性；学习提炼常用动作的关键帧。

上一章讲解了在动作指令设计软件中对动作和动作组进行相关的编辑操作，掌握以上内容可以确保工作成果被有效地保存起来。不过，回想一下所保存的动作，是不是都很简单，几乎没有什么保存的价值。

那如何设计出精彩的、高难度的机器人动作呢？别着急，接下来几章，将教会用户如何设计出合理的、协调的、高难度的动作，让 Aelos 机器人完成拳击动作、舞蹈动作将不在话下。

Ready？ Go！

稍等，动画片时间到了，先去看动画片，然后再来学习。（谁扔的砖头，砸坏花花草草怎么办？）

6.1　认知关键帧

要想设计出好动作，就要多看动画片。因为在动画片中有读者需要了解的知识，而这些知识可用于给 Aelos 机器人设计出精彩的动作。那么，动画片中哪些知识是需要我们了解和掌握的呢？

6.1.1　帧的概念

光的影像一旦在视网膜上形成，视觉会将对该光像的感觉维持 0.05~0.2s 的暂留时间，这种现象称为“视觉暂留”。动画片便是以人眼的“视觉暂留”特性为基础，通过快速变换静态画面，利用“视觉暂留”特性而在人的大脑中形成图像内容连续运动的感觉。

为了使画面看起来连贯流畅，电影 1s 会播放 24 张画面，专业术语将画面称为帧，电视 1s 播放 25 帧。动画片 1s 播放的帧数没有这么多，但也至少有 12 帧。如果是 1 集 15 分钟 min 的动画片，则至少需要绘制 10800 帧。不论是手绘，还是用计算机绘制，绘制 10800 帧都是惊人的工作量。实际上，真正绘制的数量没有这么多。请看图 6.1 的说明。

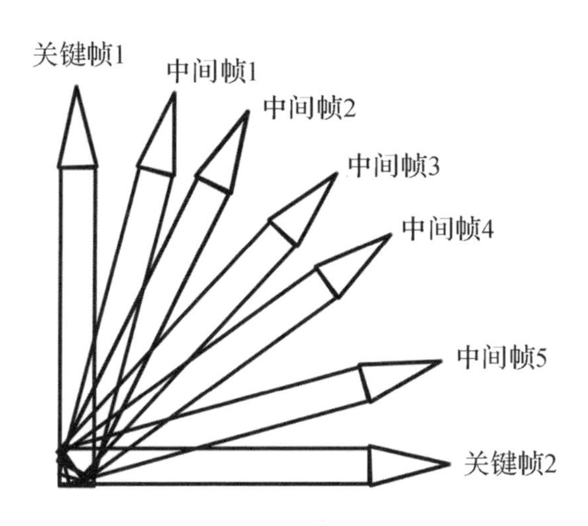

图 6.1　关键帧和中间帧说明

一般在表现“铅笔倒下”的动画中，并不会绘制出全部的 7 帧，只需要绘制 1 帧铅笔立着的画面，再绘制 1 帧铅笔倒下的画面，这 2 帧画面就是“告诉”观看者，铅笔由立着变为倒下啦。中间的画面怎么产生呢？当然是由不知疲倦、辛苦工作的计算机（软件）来自动完成了。计算机中运行的动画软件会根据这 2 帧画面，自动完成中间画面的绘制，补全整个倒下的过程，这样画面看起来就连贯流畅了。

在上面的图示中，铅笔立着的画面和铅笔倒下的画面是至关重要的2帧，它们决定着铅笔的运动形态，在动画制作中称这样的关键画面为关键帧。

中间由计算机软件补全的画面只是为了让视觉效果更完美，多一张少一张并不会导致铅笔倒下这个动作的认知错误，因此这样的画面没有什么关键作用，一般称为过渡帧或者中间帧。

动画片就是由一定数量的关键帧和过渡帧组成的，虽然过渡帧数量众多，但起决定性作用的是关键帧。同样，在为Aelos机器人设计动作时，也要应用好关键帧原则，只要把动作中关键的状态提炼设计出来，就一定可以使Aelos机器人的动作完美、协调、流畅。

6.1.2　动作关键帧分析

上面讲解了动画片中的关键帧，接下来循序渐进地分析一些动作的关键帧。这需要读者发挥想象力，想象一下这些动作关键帧能塑造出什么样的动作效果，从而增强提炼关键帧的能力。

嘴巴的开合只需要两个关键动作——闭合和张开，连续循环地动起来，就形成了机器人说话时嘴巴一张一合的效果，如图6.2所示。想象一下，机器人嘴巴再怎么张大，也不会超过关键动作设定的范围，再怎么闭合，也不会把“牙齿咬碎”。所以，只要把关键动作设定好，中间的动作就只能在既定范围内产生。

图6.2　机器人嘴巴闭合张开

在动画片中，要表现人物的行走一般需要 5 个关键帧，如图 8.3 所示。

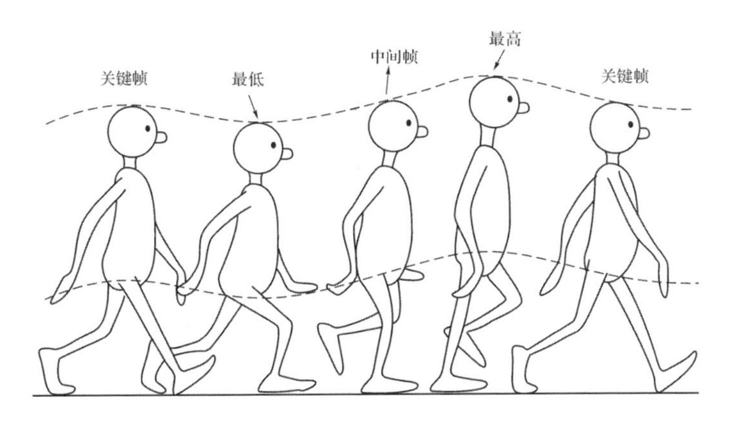

图 6.3　人物行走的 5 个关键帧

为什么不能只有开头和结束 2 个关键帧呢？

虽然通过开头和结束的两个关键帧也能表达出胳膊和腿的动作态势，软件也可以绘制出中间画面。但是，人在行走的时候，随着腿部动作的变换身体是有高低起伏的。如果在动作中不能表现出这种高低起伏，那么整个行走动作就会非常死板僵硬，类似于“僵尸飘行”一样，这样的动作怎么能吸引人？

图 6.3 仅仅演示了走一步的形态，如果是连续走起来，关键帧会有什么样的变化呢？参看图 6.4，请读者自己分析，注意胳膊和腿部动作的交替变化。

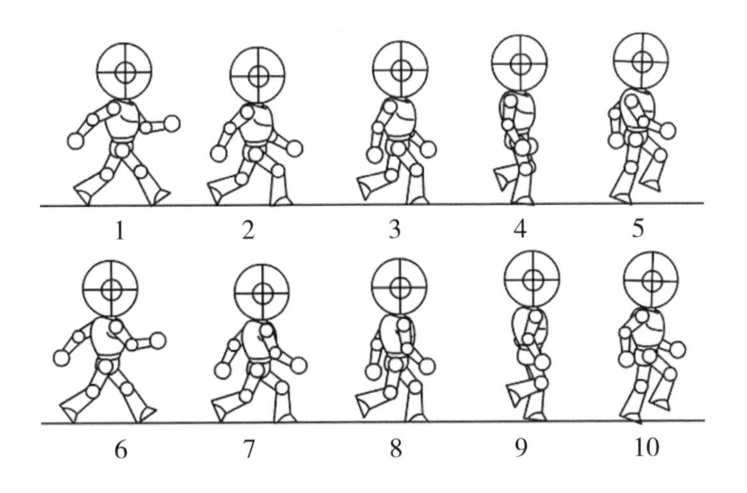

图 6.4　机器人连续行走需要 10 个关键帧

6.1.3　提炼动作关键帧

上一节了解了关键帧对控制动作的重要性，那到底如何提炼动作关键帧呢？

简单地讲：任何对动作形态起到转折作用的地方就应提炼为动作关键帧。

动作关键帧一定要确保能清楚地表达出动作的形态和走向。动作关键帧少一帧都会影响到动作的走向，甚至造成整个动作的失败。

如图 6.5 和图 6.6 所示 2 个关键帧的挠头动作和 4 个关键帧的挠头动作相比较，思考一下两者动作形态上有什么区别？为什么会造成这样的差别？

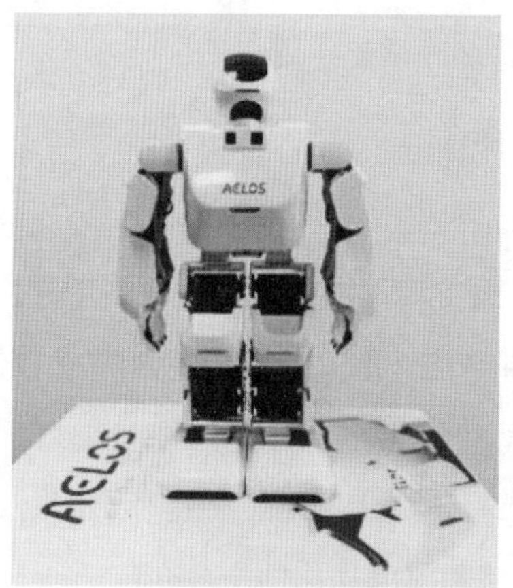

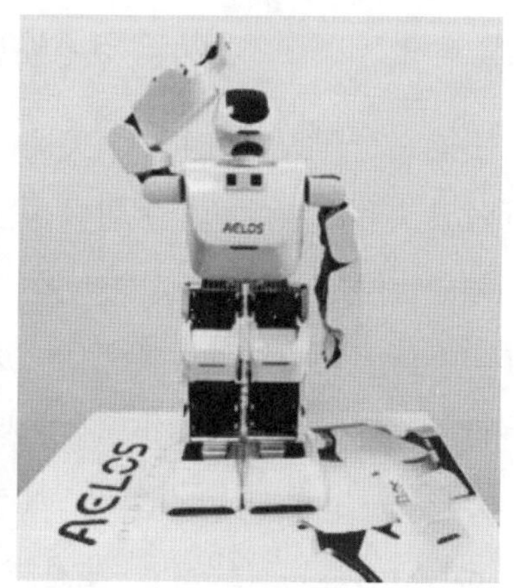

图 6.5　设定 2 个关键帧的挠头动作

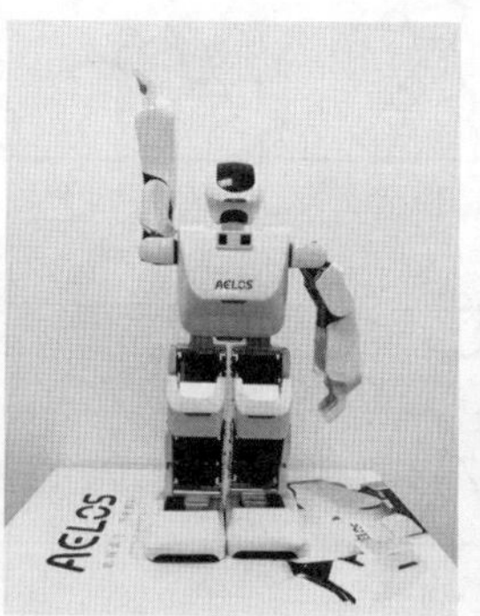

图 6.6　设定 4 个关键帧的挠头动作

6.2　手部动作指令模块设计

上一节讲解了动作关键帧的概念，并通过图例说明了动作关键帧的作用和重要性。本节将通过练习手部动作，了解动作设计的整体流程，学习规划动作，提炼动作关键帧，逐步养成“规划—提炼—实施—修正”的设计习惯。

尽管本节练习的动作比较简单，但是这是打基础的课程。常言道：“千里之行，始于足下。”为了以后能给 Aelos 机器人设计出“高大上”的动作，必须今天打下坚实的基础。

6.2.1　规划动作

尽管是为 Aelos 机器人设计动作，但是不能上来就在 Aelos 机器人上进行实操。俗话说，磨刀不误砍柴工，要创作出惟妙惟肖、行云流水般的动作，首先还是要做好整个（套）动作的纸面草图规划工作，为提炼动作关键帧，实施动作设计和修正动作建立纸面参考依据。

本节要设计的是交通指挥动作中的直行动作。按照流程，首先从网上搜集有关交通指挥的动作图集，如图 6.7 所示。

图 6.7　交通指挥直行动作

将图中 7 个动作分别映射到 Aelos 机器人上，可以大致推算出做每个动作时，相应肢体部位的舵机数值，尝试在纸上以“火柴人”风格绘制整套直行动作的示意图，然后在图中标示舵机数值，作为设计动作的参考依据，如图 6.8 所示。

有些动作可能不容易找到例图，此时怎么去推算 Aelos 机器人舵机的数值呢？别忘了，Aelos 机器人是仿人机器人，有些动作用户自己就可以当模特，先摆出动作，然后以“火柴人”风格绘制出整个（套）动作，再在火柴人上标示出舵机的大概数值即可。

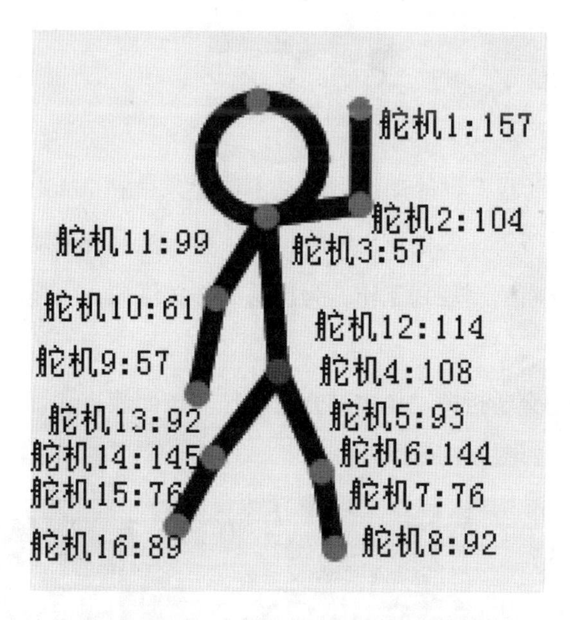

图 6.8　火柴人风格草图规划动作

6.2.2　提炼动作关键帧

图 6.7 中展示了完整直行动作由 7 个分动作组成，分析这 7 个分动作，可以看到动作 3 和动作 5，动作 1 和动作 6 是重复的，因此动作 5 和动作 6 可以复用动作 3 和动作 1，就不用作为动作关键帧存在。动作 7 是一个标准的站立动作，也是 Aelos 机器人的标准站立动作，因此直接使用即可，不用再次作为动作关键帧进行设计。如此一来，直行动作就提炼出 4 个动作关键帧，如图 6.9 所示。

示意：准许右方直行的车辆通行

1. 左臂向左平伸与身体成 90 度，掌心向前，五指并拢，面部及目光同时转向左方 45 度；

2. 右臂向右平伸与身体成 90 度，掌心向前，五指并拢，面部及目光同时转向右方 45 度；

3. 右臂水平向左摆动与身体成 90 度，小臂弯屈至与大臂成 90 度，掌心向内与左胸衣兜相对，小臂与前胸平行，面部及目光同时转向左方 45 度；

4. 右大臂不动，右小臂水平向右摆动与身体成 90 度，掌心向左，五指并拢；

图 6.9　提炼 4 个动作关键帧

仔细观察 4 个动作关键帧，体会和印证一下：任何对动作形态起到转折作用的地方就应提炼为动作关键帧。动作关键帧一定要确保能清楚地表达出动作的形态和走向，动作关键帧少一帧都会影响到动作的走向，甚至造成整个动作的失败。

思考：能否再省略 1 个动作关键帧?

6.2.3　设计动作指令

前面两小节完成了规划动作和提炼动作关键帧，本节的重点是实施和修正动作，通过手工扭转法、舵值调整法和指令参数法设计完成动作关键帧，并依据 Aelos 机器人演示动作的效果对动作进行修正，最终形成令人满意的动作。

准备好 Aelos 机器人、计算机、USB 连接数据线、遥控器，确认计算机中已经正确安装动作指令设计软件（Aelos 教育版软件）。启动软件，并将 Aelos 机器人通过正确的串口连接计算机。有关连接 Aelos 机器人和计算机的操作请参看 2.2.1 节中的讲解。

操作 1　新建工程文件

（1）点击菜单栏中的“新建”命令，选择 Aelos lite 机器人型号。在弹出的“新建工程”对话框中，给工程命名为“交通手势之直行”。

（2）完成工程文件创建后，点击菜单栏中的“保存”命令，对创建的工程进行保存。下一步就可以进行动作指令模块设计了。

注意：用户要养成经常保存的好习惯，毕竟计算机系统、软件和电子设备都有一些不可预知的错误，未及时保存容易造成劳动成果的损失，有些甚至会导致前功尽弃。

操作 2　设计动作指令

（1）确认 Aelos 机器人与计算机通过正确串口相连接。首先保存 Aelos 机器人的标准站立动作，这是一帧动作关键帧。在机值视图中点击“增加动作”，即可在动作视图中看到标准站立的动作指令，如图 6.10 所示。

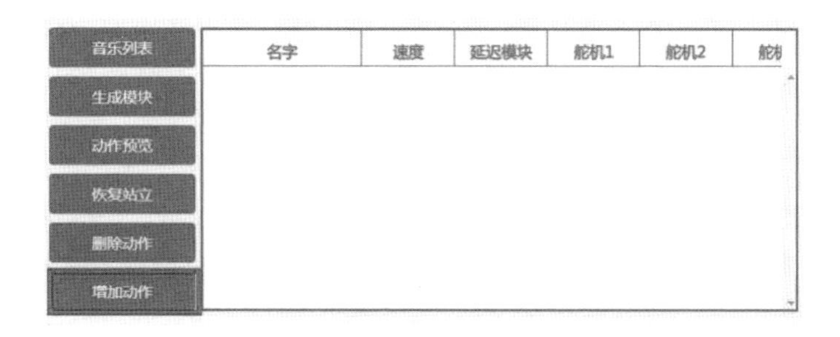

图 6.10　插入标准站立动作关键帧

根据第 6.2.2 节中提供的第 1 幅动作关键帧，需要设计 Aelos 机器人左手臂抬起，与肩平齐。由于是初调，不需要动作特别精确，因此可以采用手工扭转法进行动作设计。切记，手工扭转法需要对 Aelos 机器人对应的部位进行解锁。

（2）因为第 1 幅动作关键帧主要是左手臂的动作，因此在机值视图中点击 1、2、3 号舵机上的蓝色小方块，方块颜色变为灰色，表示左手臂处于解锁状态，如图 6.11 所示。

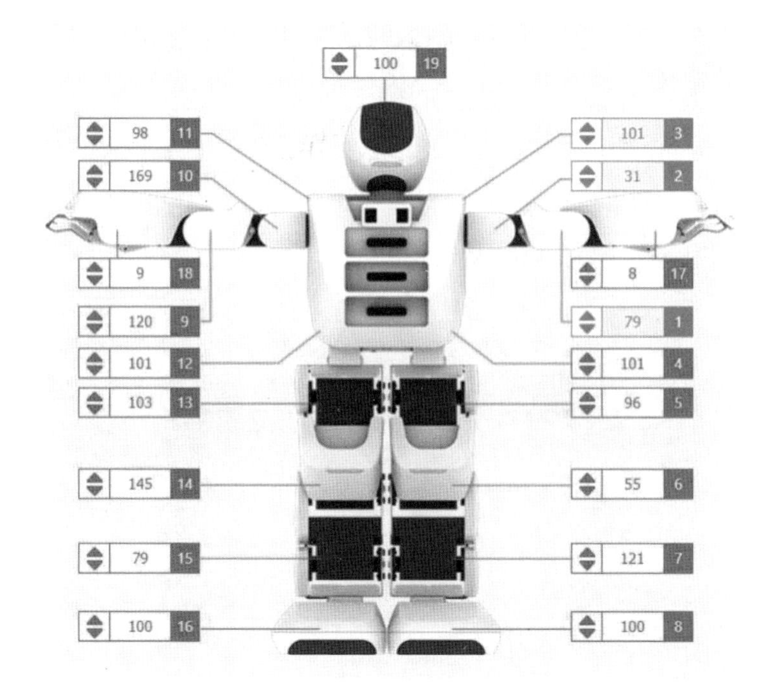

图 6.11　解锁左手臂

（3）左手臂解锁成功后，尝试扭转机器人的左手臂至动作关键帧标示的位置，如图 6.12 所示。

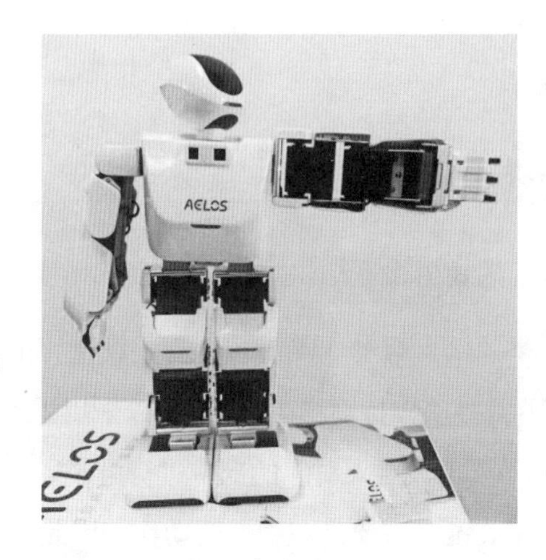

图 6.12　扭转左手臂到预定动作状态

（4）手工扭转左手臂到位后，再次点击击 1、2、3 号舵机上方的灰色小方块，方块颜色变回蓝色，表示左手臂处于加锁状态。点击“插入动作”，将此动作关键帧加入动作指令模块。

（5）接下来根据第 2 幅动作关键帧完成右臂的动作扭转。首先对右臂解锁，然后使用手工扭转法将右臂扭转到位，再对右手加锁，点击动作视图中的“增加动作”，将此动作关键帧加入动作指令模块中。

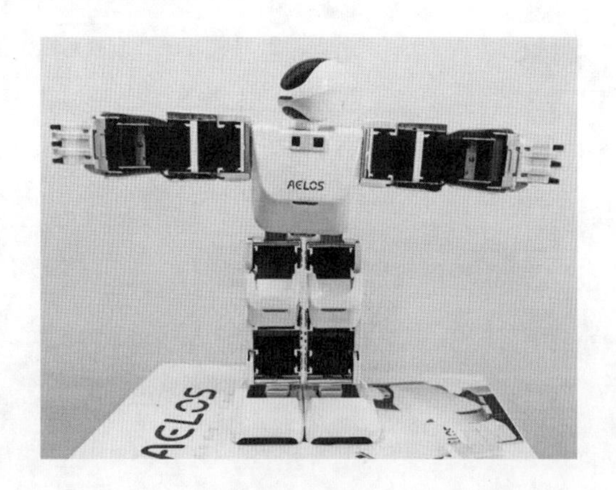

图 6.13　Aelos 机器人第 2 幅动作关键帧

（6）依次完成第3幅和第4幅动作关键帧的设计，Aelos机器人的动作如图6.14所示。

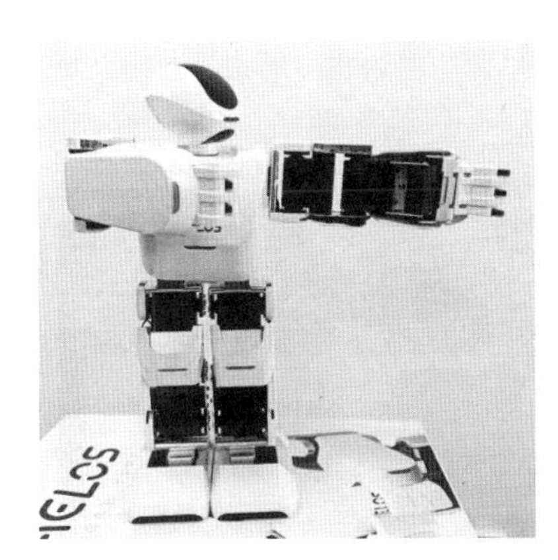

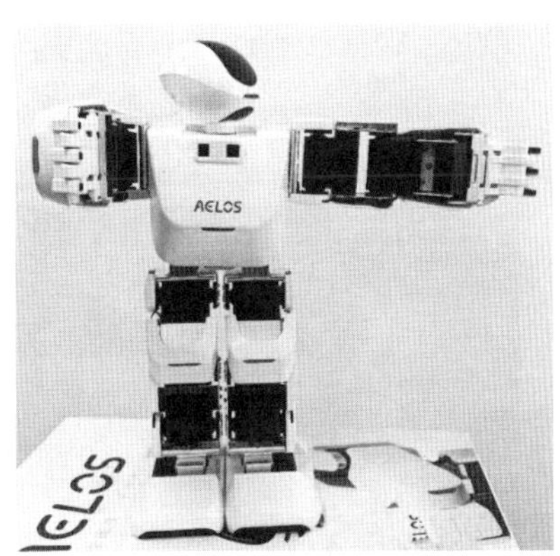

图6.14　第3、4幅关键帧动作示意图

（7）至此4幅Aelos机器人的动作关键帧就设计完成了，由于整套动作由7个动作组成，还需要复用第1和第3幅动作关键帧。注意是先复用第3幅动作关键帧，再复用第1幅动作关键帧，最后记得恢复到Aelos机器人的标准站立。

（8）点击“生成模块”，将完成的动作帧生成新的动作指令模块，并命名为“直行”。

6.2.4　修正动作

做任何事情都不可能一蹴而就，同样为Aelos机器人设计动作也有一个反复修正的过程，目的就是让动作更加协调自然，或者为了达到某种效果而刻意夸张动作。因为手工扭转法更适用于快速粗犷地设定动作，因此不适合修正动作。可以尽量采用舵值调整法修正。

用户尝试对所设计的动作进行修正，同时也可以增加头部动作的设计，让你的作品更加接近真实的交警姿势。

操作 3　预览和修正动作

（1）点击菜单栏中的“保存”按钮，将当前的劳动成果进行保存。

（2）因为需要用遥控器控制 Aelos 机器人做动作，所以要设定 Aelos 机器人受遥控器指挥的信道，默认为 002。用户可以通过教育版软件的“信道”进行设定，如图 6.15 所示。

图 6.15　设置信道

（3）在编辑区中，为“直行”动作指令模块绑定遥控器按键 1，如图 6.16 所示。

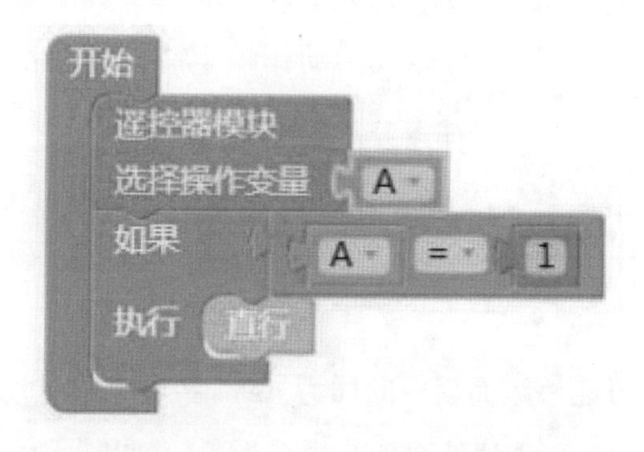

图 6.16　绑定遥控器按键

（4）一切设置完成后，再次保存工程和动作。点击“下载”，将所设计的整套动作下载到 Aelos 机器人（存储卡），以便响应遥控器的操作，供 Aelos 机器人调用执行。

（5）下载完成后，Aelos 机器人将和计算机断开连接。按“复位”按钮重启 Aelos 机器人，就可以使用遥控器按键 1 操作 Aelos 机器人演示“直行”动作了。

（6）反复多次控制 Aelos 机器人执行动作，查找和记录动作中的瑕疵。

（7）再次通过正确的串口连接 Aelos 机器人和计算机，使用舵值调整法对有瑕疵的动作进行微调，直至达到满意的效果。修正过程可能需要反复多次操作。

通过本章的学习，希望用户能够逐步养成使用草图规划动作，根据草图提炼动作关键帧，参考草图设计动作和逐步修正动作的设计习惯。为 Aelos 机器人设计动作特别锻炼空间感知能力和旋转能力，熟能生巧，多加练习相信用户一定能设计出惊艳的动作。

【练习】完成其他的交通指挥动作。

经过前面的学习，用户对动作设计的流程已经有了一定的理解和认识，接下来发挥想象力，根据对动作关键帧的理解和学习，设计其他的交通指挥动作，也可以通过百度搜索一些动作图片作为参考资料来完成相应的动作设计。如图 8.22 所示为一些交通指挥动作。

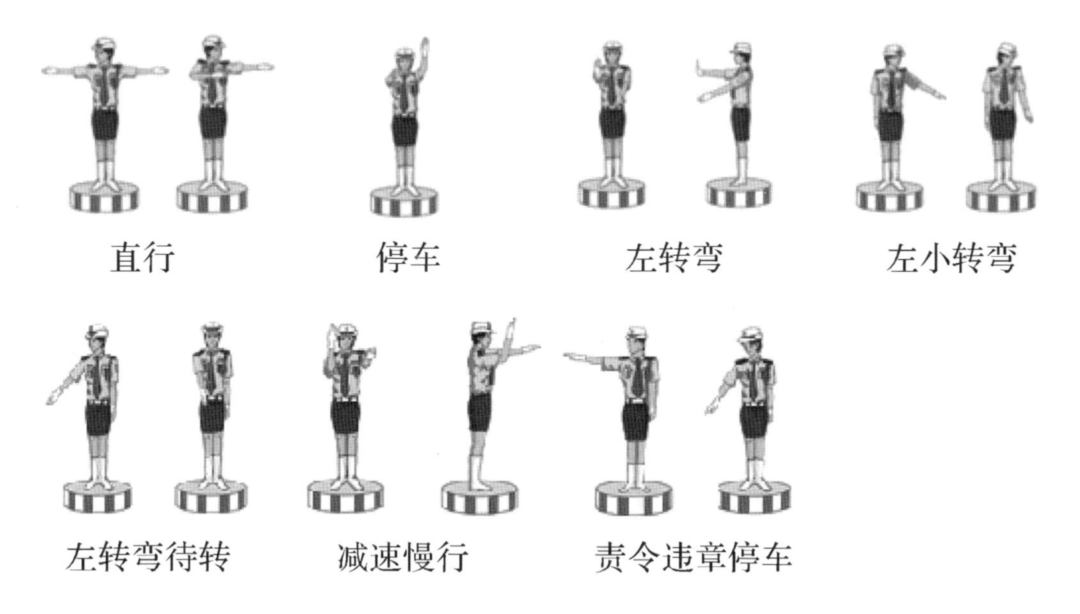

图 8.22　交通指挥动作

第 7 章　动作的稳定性

课程目标：学习重心的概念；认识动作中保持重心的重要性，以及影响重心的因素。

上一章讲解的是动作关键帧。通过上一章，我们学习了关键帧的概念，认识了动作关键帧在动作设计中的作用，最后依据动作关键帧完成了交通指挥直行动作的设计。本章将在上一章的基础上继续学习动作指令的设计，重点是学习和掌握提高动作稳定性的重要因素——重心。

什么是重心？如何去判断一个物体的重心所在？在设计动作时，重心的作用是什么？下面，正式开启本章的学习。

7.1　物体的重心

为了更好地学习和掌握重心，需要先科普一下地球和重力。

物体由于地球的吸引而受到的力叫重力。重力的施力物体是地心。重力的方向总是竖直向下。物体受到的重力大小跟物体的质量成正比，计算公式是：$G=mg$。g 称为重力加速度，数值约为 9.8N/kg，重力加速度随着纬度改变而改变。在赤道上 g 最小，g=9.79N/kg；在两极上 g 最大，g=9.83N/kg。牛顿（N）是力的单位，1N 大约是拿起两个鸡蛋的力。质量为 1kg 的物体受到的重力为 9.8N。

7.1.1　重心的概念

地球上万事万物都会受到重力的作用，由于地球太大，万事万物的形状也不一样，为了更好地进行研究，科学家决定把作为施力物体的地球“浓缩成一个点”，即地球核心点——地心，将受力物体也“浓缩成一个点”，认为该点承受着全部的重力，这个点即为“重心”，也就是该物体的总重力的集中点。

有重力就会有重心，任何物体都有重心。重心可以在物体上，也可以在物体外。重心不是真实存在的，只是把物体的重力看成集中于一点，便于分析。

质量均匀分布的物体（均匀物体），重心的位置跟物体的形状有关。有规则形状的物体，它的重心就在几何中心上。例如，均匀细直棒的重心在棒的中点，均匀球体的重心在球心，均匀圆柱的重心在轴线的中点，如图 7.1 所示。

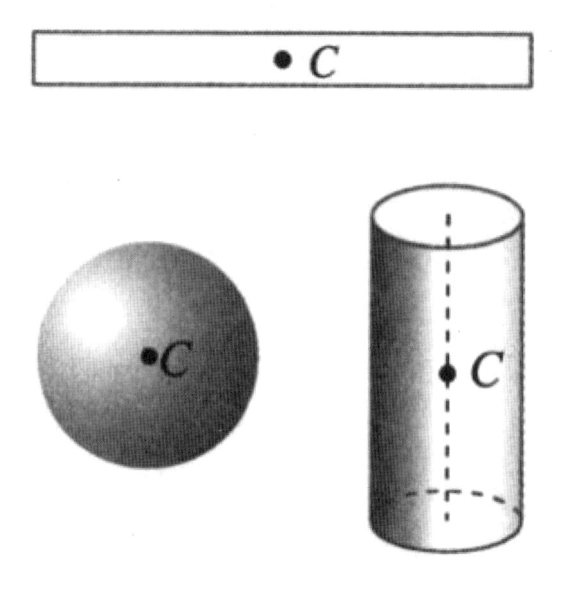

图 7.1　均匀物体重心

质量分布不均匀的物体，重心的位置除跟物体的形状有关外，还跟物体内质量的分布有关。载重汽车的重心随着装货多少和装载位置而变化，起重机的重心随着提升物体的质量和高度而变化，如图 7.2 所示。

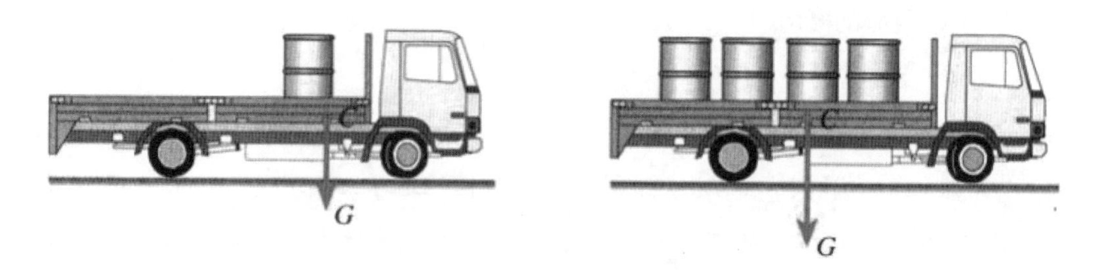

图 7.2　载重汽车重心的变化

7.1.2　重心的确定

前面讲道："重心可以在物体上，也可以在物体外。"对于规则物体一般比较好判断，而对于不规则物体，就需要采取一定的方式方法进行判断。

规则物体的重心位置：质量均匀分布的物体（均匀物体），重心的位置只跟物体的形状有关。有规则形状的物体，它的重心就在几何中心上。例如，均匀细直棒的重心在棒的中点，均匀球体的重心在球心，均匀圆柱的重心在轴线的中点。

不规则物体的重心不一定在物体上，如图 7.3 所示平衡鹰的重心在嘴部。下面介绍三种不规则物体重心的判断方法。

图 7.3　平衡鹰的重心在嘴部

一、悬挂法

只适用于厚薄匀称的，但外形不一定均匀的薄板类物体，如图 7.4 所示。首先找一根细绳，在物体上找一点，用绳悬挂，划出物体静止后的重力线，同理再找一点悬挂，两条重力线的交点就是物体的重心。

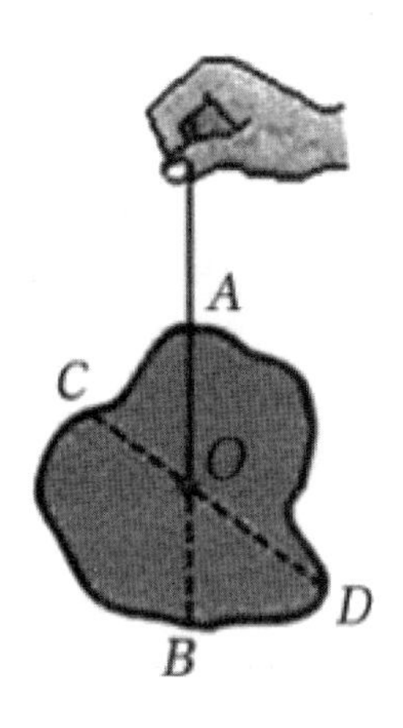

图 7.4　悬挂法

二、支撑法

用一个支点支撑物体，不断变化位置，越稳定的位置，越接近重心，如图 7.5 所示。用户可以使用支撑法大概判断一下 Aelos 机器人的重心。

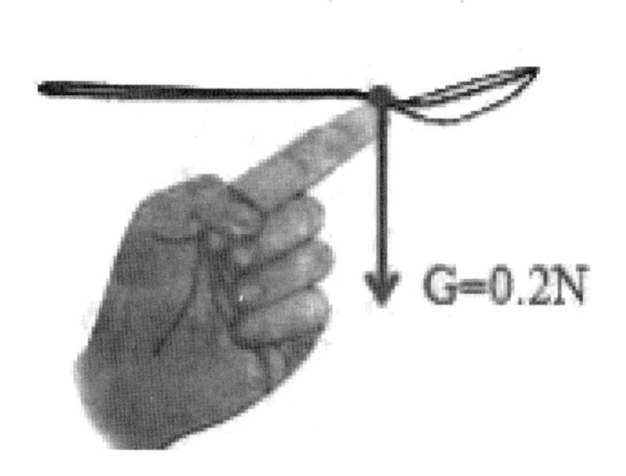

图 7.5　支撑法

三、理论计算法

物体的重心，可以依据杠杆平衡条件和支撑法原理，平衡时支点处即为重心位置。如图 7.6 所示，先称出载重汽车总的质量 G，前后轮胎触地间的距离 L，再测出后胎处作用力 F，则重心与前胎距离 $l=\frac{F\times L}{G}$ 。

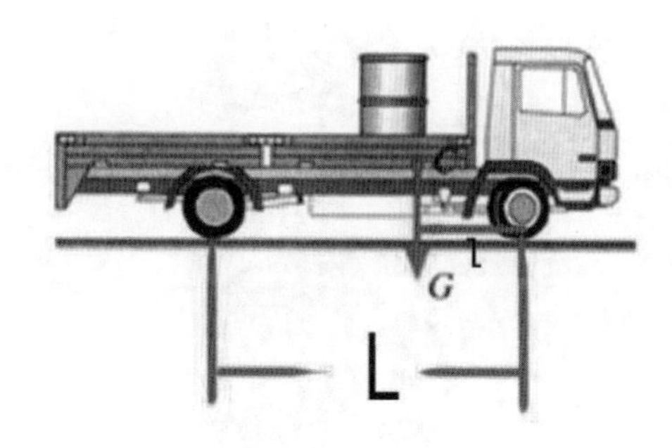

图 7.6　理论计算法

物体总是有向重心低的方向运动的趋势，因为重心低的物体重力力臂长，重力矩大，要改变就需要更大的外力矩，也就是说重心越低越稳定！如图 7 .7 所示，人不断后倾造成重心变化。

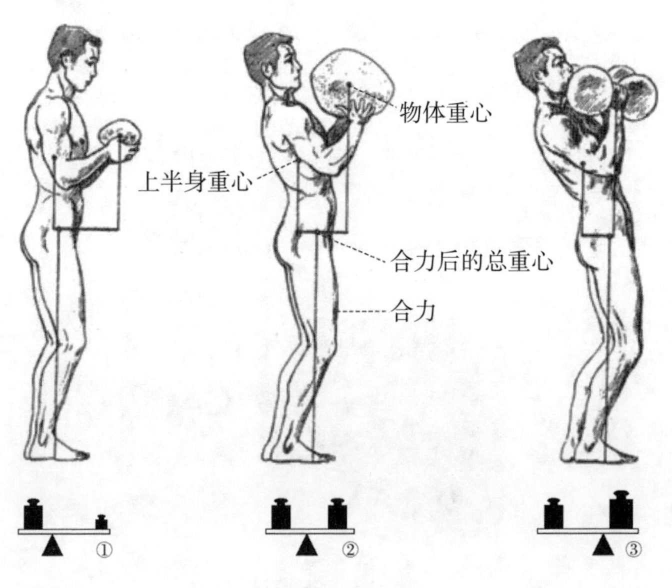

图 7 .7　重心变化

用户可以尝试在图 7.8 中标示出 Aelos 机器人的重心，并思考为什么 Aelos 机器人如此倾斜都没有倾倒？用户也可以尝试在 Aelos 机器人上实现这个动作，看看它能做出多大的倾斜角度。

图 7.8　Aelos 机器人铲球动作

7.1.3　重心在人体动作中的作用

前面两节对重心的概念、寻找物体的重心做了讲解，那重心的作用是什么？重心跟人体的动作又有什么关系呢？本节就来探究以上问题。

首先来看几张图片。如图 7.9 所示，思考一下图片中的人物为什么会摔倒？

图 7.9　失去重心就会摔倒

思考：为什么 8 号球员会摔倒，以至于手脚并用地支撑身体？为什么另一名球员单脚着地都没有摔倒？

再看图 7.10 所示四种人物舞蹈姿势。

图 7.10　失去重心就会摔倒

思考：为什么 2 号人物和 4 号人物会摔倒？尝试标注一下图中人物的重心。

体验：身体尽量向前倾，在感觉快要摔倒时，体会一下是不是脚尖需要特别用力才能支撑住。此时再倾斜一点，就一定会摔倒啦。（注意，体验时可以靠近墙壁以便及时扶住，或者在地面铺设保护垫并确保有人在旁保护。）

在分析上述问题之前，首先来明确三个重要概念，即人体重心、重心线与支撑面，然后了解三者之间的关系。

人体重心是指人体质量的集中点，如站立的人体重心位于人体肚脐与骶骨之间，人体形态变化时，重心则相应变化，如图 7.11 和图 7.12 所示。

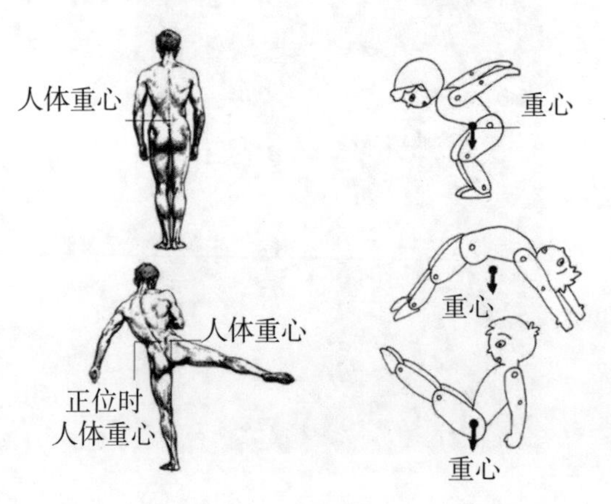

图 7.11　人体重心变化

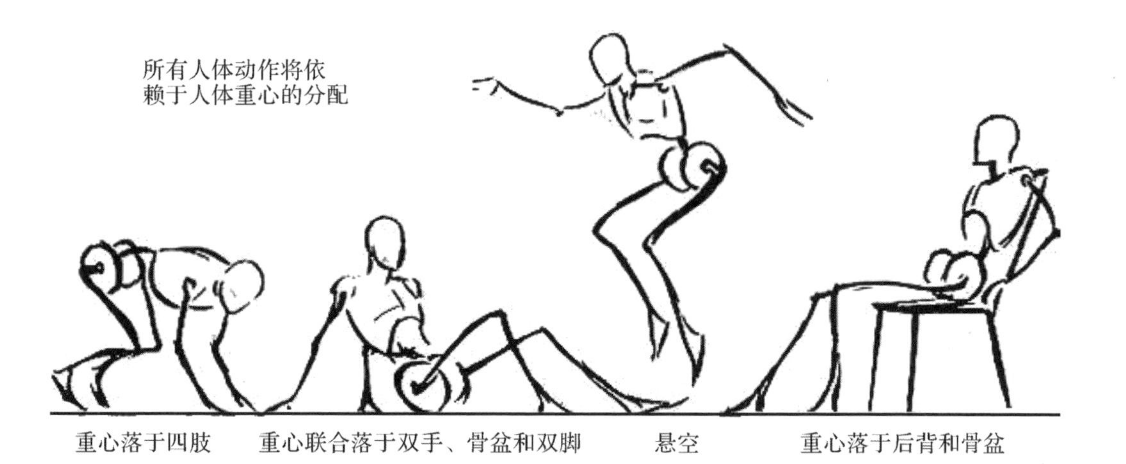

图 7 .12　不同体态造成重心位置变化

支撑面，是指支撑人体质量的面积，如站立时，支撑面就是脚的底面和两脚之间所包含的面积。支撑面越大，越有利于在运动中保持人体各部分的平衡。

重心线，是指从重心引向地面的垂线，重心线落于支撑面以内，人体才能保持平衡，反之则失去平衡。重心线是检查动态稳与不稳的重要依据。重心线和支撑面示意如图 7 .13 所示。

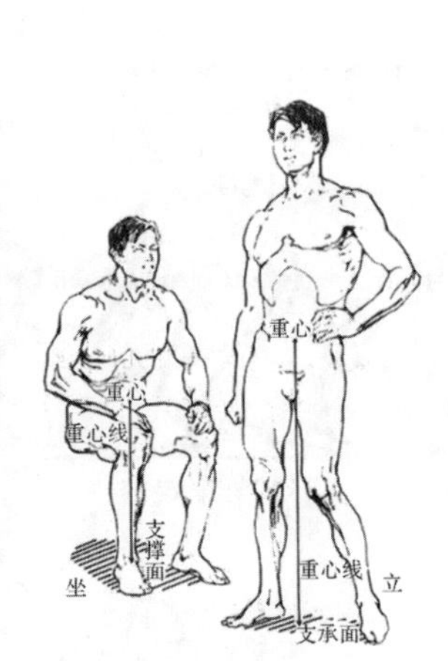

图 7.13　重心线和支撑面

通过上面的内容，可以总结出这样的结论：当人站立时，重心较高，但只要重心处在两脚的范围(支撑面)之内(高高跃起的足球运动员其重心依然位于支撑面之内)，即使已经位于脚尖，人也不会摔倒；一旦倾斜继续加大，重心超过脚尖，即重心超出两脚范围（支撑面），人就一定会摔倒。摔倒后，整个人将趴在地面上，造成着地面积（新的支撑面）远大于两脚面积，重心将重新回到人体支撑面以内，而且会很低，达到一种新的稳定状态。所以，摔倒的过程就是重心变低的过程，就是调整重心重新回到支撑面之内的过程。简单而言就是重心越低，支撑面越大，越稳定，如图 7.14 和图 7.15 所示。

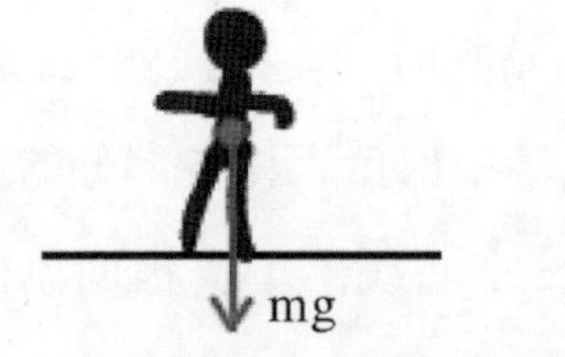

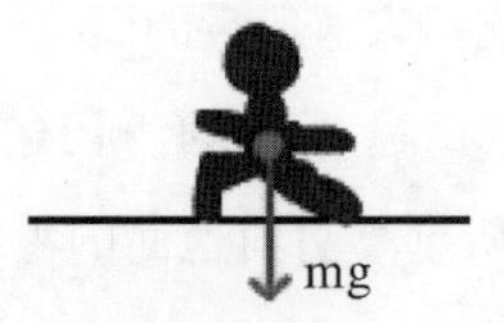

(重心越低，越稳定)

7.14　“重心越低，支撑面越大，越稳定”（1）

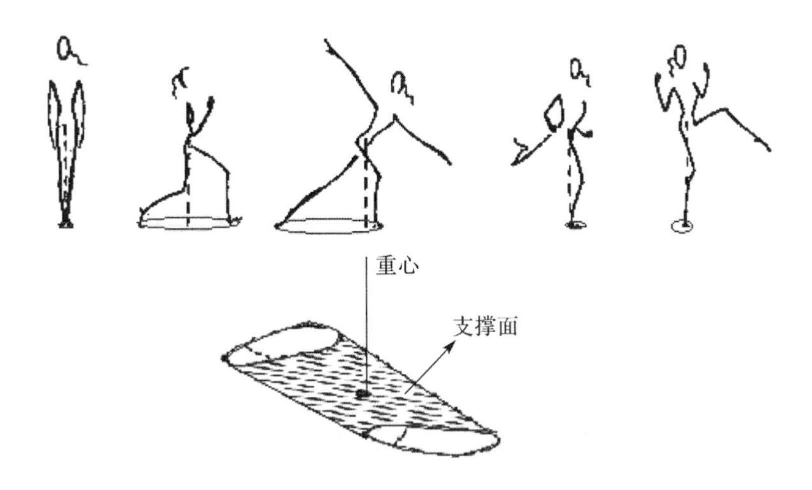

图 7.15　“重心越低，支撑面越大，越稳定”（2）

通过以上的分析和学习，用户可以清楚地认识到：人体运动一定会造成重心的变化，一旦运动形态的变化造成重心超出支撑面，人就会“不由自主且毫不费力地”从高重心向低重心运动，也就是“摔倒”。摔倒后，人体着地面积增大，即支撑面加大，重心降低，且重新回到支撑面中，所以人体进入“倒地”的平稳状态。要想重新回到站立的平稳状态，就要“全身肌肉用力”才能重新站起。

由此可见，在运动中保持重心始终处于支撑面内是保持动作平衡不摔倒的根本原则。

7.2　腿部动作指令设计

大家有没有注意到，Aelos 机器人每次开机都会做一个鞠躬动作。Aelos 机器人在鞠躬时，右脚会后撤一步，身体前倾，保持一段时间后再恢复到站立状态。这个动作的完成就得益于对重心、重心线和支撑面三者的把握。

7.2.1　规划金鸡独立动作

本节将理论联系实际，通过应用所学的重心知识，参照重心维持在支撑面确保平衡不摔倒的原则，设计一个腿部动作——金鸡独立。希望大家通过完成此动作的设计，进一步强化把握动作稳定性的能力。

按照上一章讲解的工作流程，首先寻找一张金鸡独立的图片，如图 7.16 所示。通过分析动作图片绘制出火柴人风格的草图，并标示出各舵机大概的数值。

图 7.16　金鸡独立

分析上图，当表演者抬起左脚时，支撑面就只剩下右脚，原来的重心线是位于两腿之间垂直向下的，此时就会偏出支撑面之外，因此表演者一定会倒向左侧。为了保持平衡，依据重心一定要位于支撑面之内的原则，需要将重心向右侧偏移，所以，表演者需要调整胯关节整体向右偏移，尽量调整到重心线指向右脚中间部位，这样才能在左脚抬起的情况下，右脚独立支撑且保持平衡。

由于此动作不涉及手部动作，主要是胯关节运动和左腿运动，所以在绘制火柴人草图时，重点标示出胯关节舵机 4 和舵机 12 的可能的数值，以及左腿舵机 5、舵机 6 抬起后可能的数值，如图 7.17 所示。

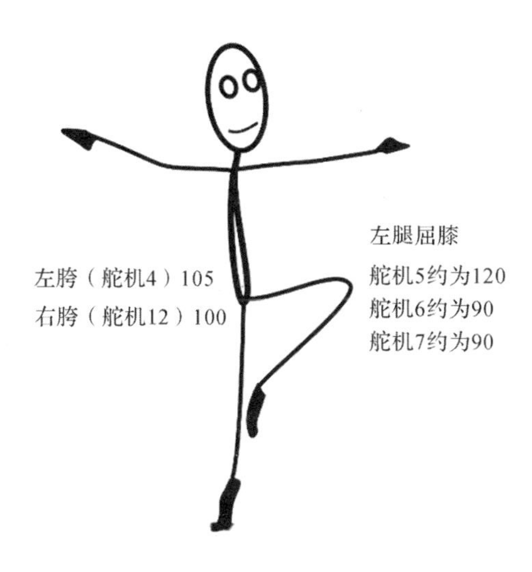

图 7.17　火柴人草图

7.2.2　完成金鸡独立动作

通过上一节的草图规划，可以认识到金鸡独立动作主要是调整胯关节的舵机 4 和舵机 12，以及左腿舵机 5 和舵机 6 的数值。由于动作比较简单，用户可以根据火柴人规划草图提炼一下动作关键帧，在案例的最后将给出可参考的动作关键帧，用户可以对比一下。下面就开始设计金鸡独立动作。

采用正确的串口连接 Aelos 机器人和计算机，并新建好工程和动作，建议工程取名为“金鸡独立”，新的动作也取名为“金鸡独立”。记得新建后立即保存，养成随时保存的好习惯。以上知识具体可以参看第 2 章中的讲解。

操作 1　调整重心右移

（1）首先保存 Aelos 机器人标准站立的关键帧。确认 Aelos 机器人正确连接计算机且处于标准站立状态，点击“增加动作”在动作视图区中插入标准站立动作。

根据规划的草图，抬起左脚，只剩右脚支撑，为了保持重心稳定，需要先调整 Aelos 机器人的重心向右移至右脚支撑面。

（2）在机值视图中点击“右腿解锁”，使 Aelos 机器人右腿处于可调节状态。

注意：对腿部进行操作要比对手臂进行操作复杂得多。因为 Aelos 机器人的质量全都集中在腿部，腿部解锁后，舵机失去驱动力，重心偏移会导致 Aelos 机器人站立不稳，所以一定要做好防护措施，以防摔坏 Aelos 机器人，或者砸伤、夹伤操作人员。

（3）右腿解锁成功后，先尝试小幅度扭转 Aelos 机器人右脚脚部舵机（舵机 16），使 Aelos 机器人重心向右偏移，左脚能够稍稍抬起离开地面即可。再次点击“右腿解锁”，使右腿恢复到加锁状态。效果如图 7.18 所示。

图 7.18　重心向右侧偏移

（4）点击“增加动作”，在动作指令模块中增加重心向右偏移的动作。

操作 2　微调重心并提升左脚

（1）解锁左腿，向上提升左脚（舵机 5，舵机 6，舵机 7）。随着左脚的提升，重心会更加偏向右侧，注意控制重心不要超出右脚的右侧，防止机器人向右侧摔倒。

（2）重新对左腿进行加锁，对右腿解锁，适当向左侧扭转 Aelos 机器人右边胯关节的舵机（舵机 12），使重心适当向左偏移，尽可能控制重心位于右脚支撑面的中间。

（3）对左、右腿反复进行加锁和解锁，通过多次调试尽量抬高左脚，这样动作才出效果。金鸡独立动作效果如图 7.19 所示。用户所设计的动作能达到这样的高度吗？

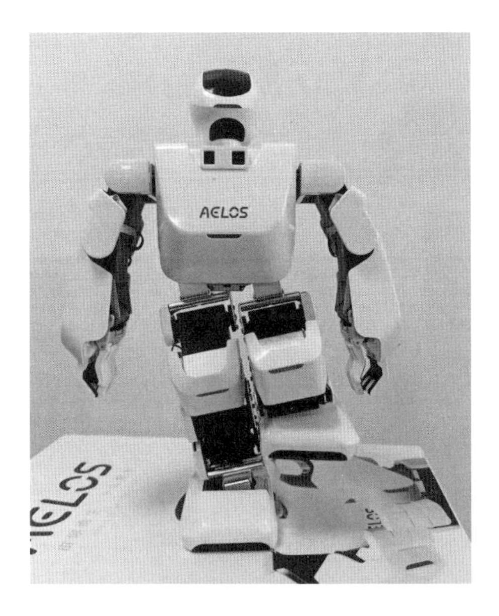

图 7.19　金鸡独立完成效果

（4）达到满意效果后，确定 Aelos 机器人全身关节处于加锁状态，点击“增加动作”按钮，完成动作的插入，记得保存设计成果。

操作 3　修正动作

（1）将设计完成的金鸡独立动作绑定到遥控器按键 2 上，如图 7.20 所示。

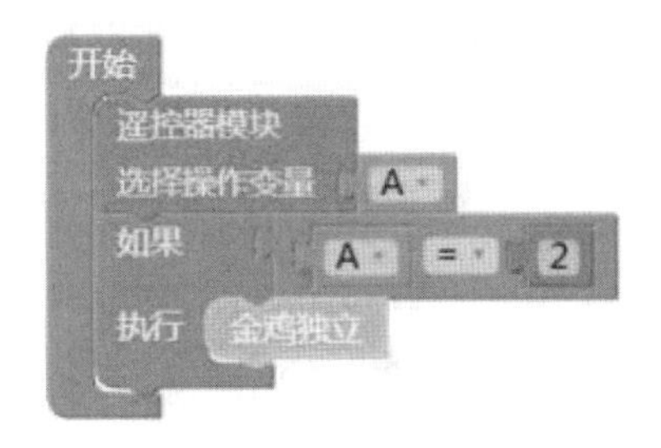

图 7.20　金鸡独立动作绑定遥控器按键 2

（2）点击“保存”将工程和动作存盘，点击“下载”将整个工程下载到 Aelos 机器人（存储卡）。下载完成后，将 Aelos 机器人与计算机相连的串口被断开，并将 Aelos 机器人复位。

（3）使用遥控器控制 Aelos 机器人执行金鸡独立动作，会发现 Aelos 机器人虽然执行了动作，但是不能维持在金鸡独立状态。要解决这个问题，可以重新连接计算机和 Aelos 机器人，在编辑区“金鸡独立”模块后面添加一个延时模块：延时 2000 毫秒，即延迟 2 秒。

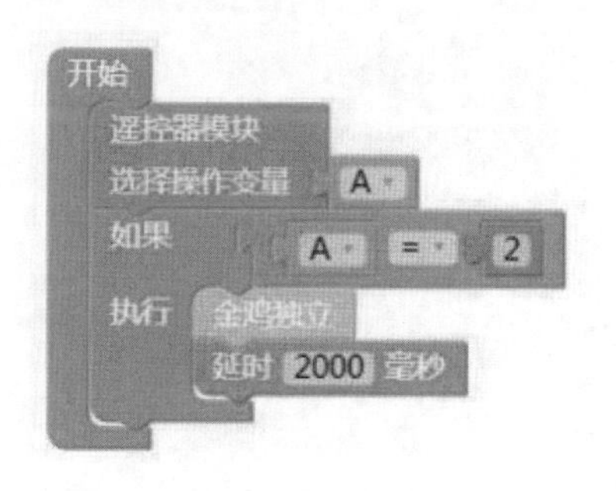

图 7.21　延迟 2 秒指令模块

（4）保存后再次执行“下载”，然后使用遥控器控制 Aelos 机器人执行金鸡独立动作。反复执行可以检验动作的设计效果。

（5）将出现的问题记录下来，重新连接计算机和 Aelos 机器人，通过细微调整舵机数值可以进一步雕琢动作，直到达到满意的效果。

在金鸡独立动作中，将用到两个动作关键帧，一个是重心移到右脚的动作关键帧，另一个是动作最终状态的动作关键帧。通过图 7.22，我们可以看到第一个动作关键帧的动作幅度很小。那么，是不是可以将其省略呢？

答案是否定的。如果取消这一个动作关键帧，就会造成在重心还没有移动到位的情况下，左脚就会抬起，那么 Aelos 机器人一定会倒向左侧，所以必须有这样一个确保重心移动到位的关键帧。在第 10 章“动作之间的衔接”中还将有更具体的讲解。

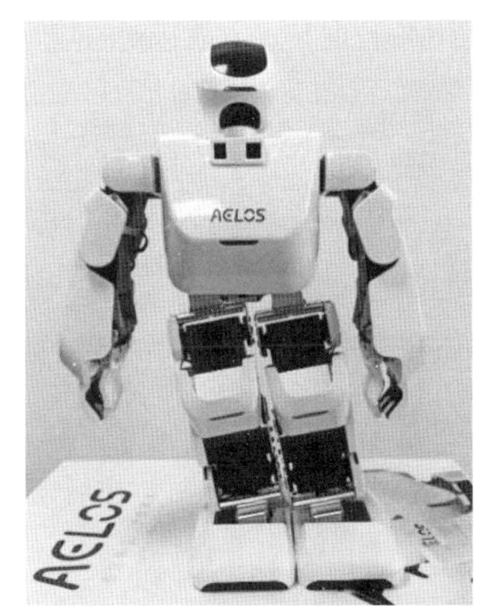

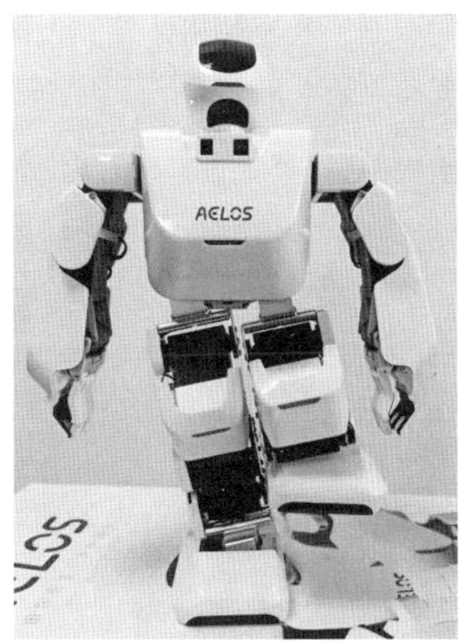

图 7.22　两个动作关键帧

金鸡独立就难度而言是简单的，喜欢挑战难度的用户可以尝试完成下面的大鹏展翅动作，如图 7.23 所示。

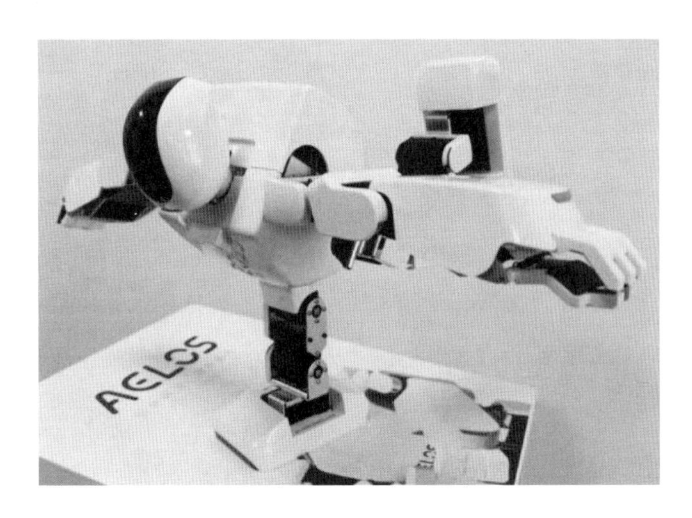

图 7.23　大鹏展翅动作

通常情况：凡是上、下肢向上运动，人体重心位置就会升高，上、下肢向上并向前运动，人体重心位置就在升高的同时向前移；上、下肢向上并向后运动，人体的重心位置就会升高并后移；人体前屈，重心位置就前移，甚至超出体外；人体侧弯，重心位置会偏向弯侧，甚至超出体外。人体某些部位向某一方向运动的幅度也会影响到重心在某个方向上移动的距离。

因此在给 Aelos 机器人设计动作时，需要根据以上知识去掌控 Aelos 机器人的重心，这样才能在保持稳定平衡的状态下实现更为复杂、更拟人化的动作。

【练习】设计高难度的平衡动作。

完成铲球动作的设计，看谁设计的铲球动作倾斜度最大，如图 7.24 所示。

提示：尽量调整 Aelos 机器人的重心向后移动，但一定要落在后面支撑脚范围之内。

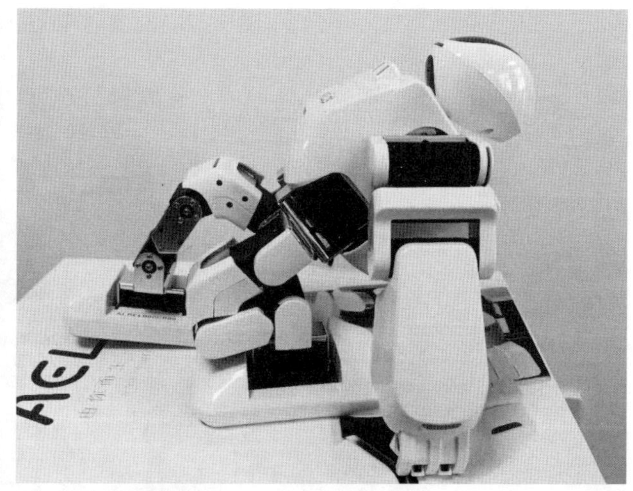

图 7.24　铲球动作

第 8 章　Aelos 机器人的零点

课程目标：认知 Aelos 机器人零点概念，了解校正 Aelos 机器人零点的重要意义和必要性，学习校正 Aelos 机器人零点的方法。

我们在之前的章节系统地学习了 Aelos 机器人的基本结构，并对 Aelos 机器人进行了频繁操作，尤其是测试和执行所设计的动作指令，对 Aelos 机器人的硬件损耗还是比较大的，可能会出现以下情况：Aelos 机器人不再“站如松，坐如钟”，行走起来不自主地就拐弯了。出现这种情况，一般是因为 Aelos 机器人的零点出现了偏差。本章将讲解零点校正的有关知识。

8.1　Aelos 机器人的零点

8.1.1　零点概念

先来回忆一下舵机的结构，思考在舵机中负责传动的结构是什么，以及它们是怎么将直流电机的转动能量转化到舵盘上的。

在舵机中有很多复杂的结构，其中减速齿轮组就是一个比较复杂的组合系统。那么所有的齿轮都是一模一样的吗？其实并不是这样，即使在工厂生产舵机齿轮的时候，由同一台机器生产出来的同种齿轮，由于机器生产上会有误差，也不能保证两个齿轮完全相同。同样，在舵机组装中，齿轮的啮合程度也是不同的。除去舵机的因素，想象机器人身上这么多零件，在工厂装配的过程中，装配工人将零件装配到一起的时候也会产生误差。这些误差导致每一台机器人都是完全不一样的个体，就像人类一样，没有哪两个人是完全一样的，即使是双胞胎也不完全相同。

举个例子，想要让所有的机器人做同样的一个动作——挥手，要给每一台机器人分别调试一个挥手的动作指令吗？显然不是这样的。如果出厂的每台机器人都调试一遍相同的动作，那机器人的生产效率将极其低下，机器人的价格就会相当昂贵。但是误差又是客观存在的，在机器人生产中是如何处理这些误差呢？

理想的解决办法就是将基于某台机器人上调试出来的动作指令可以放到其他机器人上直接使用，那么怎样处理舵机和组装过程中的误差呢？解决办法就是：只需要设定一个标准的状态，通过把所有的机器人都调整到这个标准状态，让机器人的"大脑"记录下这个标准状态，然后再执行已经调试好的动作指令就可以了。这个标准状态就被称为机器人的零点。

8.1.2　零点是怎么起作用的？

用户已经了解了零点是用于校准机器人标准状态的，但是究竟零点是怎么起作用的呢？接下来将从学过的知识中逐步地分析零点的作用和原理。

机器人出厂时，工厂会对每一台机器人校准零点。机器人的主控板通过保存零点的数据，在每次执行动作指令的时候，机器人大脑都会对输出到每一个舵机的数值与零点数值进行对比，计算出增加或减少的相对数值，然后再给舵机下达指令，这样舵机接收到的指令就是完全正确的了，所有误差在机器人大脑给舵机下达指令前就已经消除掉了。如果机器人使用时间较长，舵机会有磨损，也会导致误差的变化，这时就需要重新校正零点，把机器人恢复到出厂时的标准状态。

8.2　零点校正

如果机器人长时间使用就需要进行零点的恢复。怎么样能将机器人的零点状态恢复到出厂状态呢？下面就跟随课程学习如何恢复机器人的零点。

用户知道机器人出厂时都有一个标准的零点状态，如果修改零点状态，会把原来标准的零点状态覆盖掉。保险起见，需要先把原来的零点状态（数据）备份出来，然后再进行零点修改练习。

8.2.1　备份初始零点

在这一步需要把记录机器人零点状态的文件备份出来，以备修改零点失败后做恢复使用。

操作 1　建立备份文件夹

（1）在桌面上右击鼠标右键，新建一个文件夹。

（2）以机器人的脚内侧的编号命名文件夹。如 Aelos 机器人脚内侧编号是 AELOS0A13012，则新建一个名称为 AELOS0A13012 的文件夹，用来存放该 Aelos 机器人的零点文件，如图 8.1 所示。

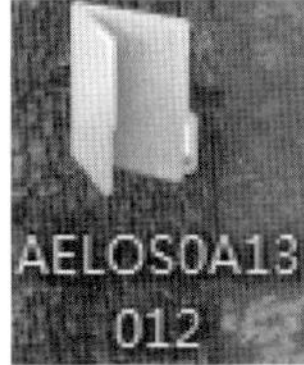

图 8.1　零点保存文件夹

操作 2　获取机器人初始零点

（1）打开教育版软件，选择 Aelos lite 型号，出现如图 8.2 所示的软件界面。

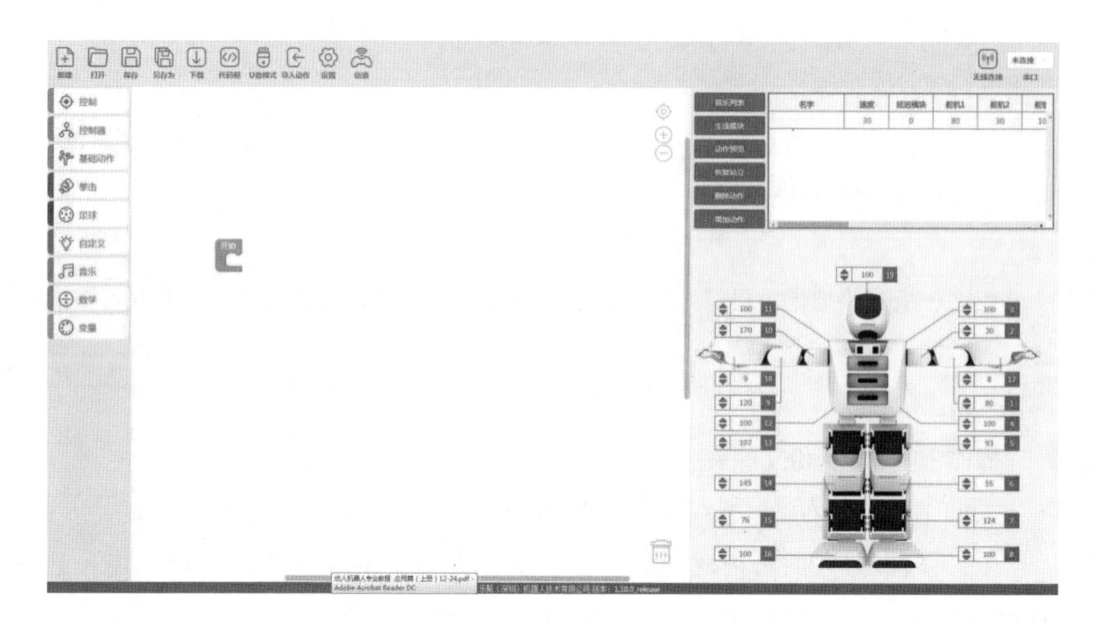

图 8.2　软件界面

（2）打开机器人，用 USB 线缆将计算机和机器人连接起来。

（3）在教育版软件中，点击串口，在弹出的菜单中，点击下拉式列表框的三角形按钮，选择“非 COM1”串口。

（4）正确选择 COM 串口后，点击串口号，如果连接成功，将弹出“串口已打开”提示框，点击“确定”按钮即可，如图 8.3 所示。如果提示未连接成功，请检查 USB 数据线是否脱落，USB 转串口驱动是否正确安装。

图 8.3　打开串口成功提示框

（5）机器人串口打开后，点击菜单栏中的“U 盘模式”按钮，然后等待机器人反应，会显示“切换到 U 盘模式”的提示框，如图 8.4 所示。

图 8.4　切换到 U 盘模式提示框

（6）点击确定，会显示“串口已断开”的提示框。

图 8.5　串口断开提示框

注意：这一步将读取 Aelos 机器人的 TF 存储卡，相当于读取 U 盘。如果是首次使用该模式，可能需要等待 30s 至 1min，计算机将安装有关的驱动程序。安装成功后，再次使用“U 盘模式”时无须重新安装。

（7）等待计算机安装完驱动后，双击打开计算机后，将看到一个“可移动磁盘”，这就是 Aelos 机器人用来存储数据的 TF 卡，如图 8.6 所示。

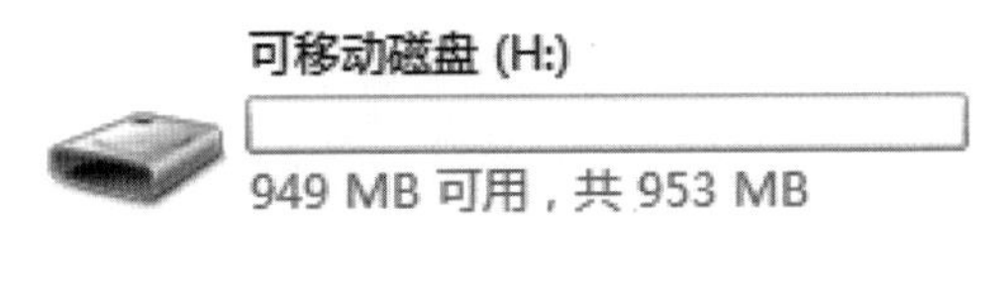

图 8.6　可移动磁盘

（8）双击打开可移动磁盘，可看到 Aelos 机器人 MicroSD 卡中有很多文件，其中 zero.hex 文件就是 Aelos 机器人初始零点记录文件，如图 8.7 所示。

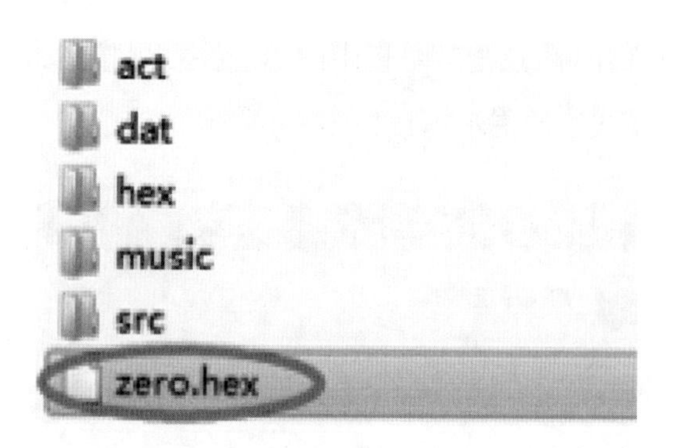

图 8.7　初始零点记录文件

操作 3　备份机器人初始零点

（1）选择 zero.hex 文件，点击右键，选择“复制”，如图 8.8 所示。不要随意乱动其他文件，否则可能导致 Aelos 机器人使用功能受到影响。

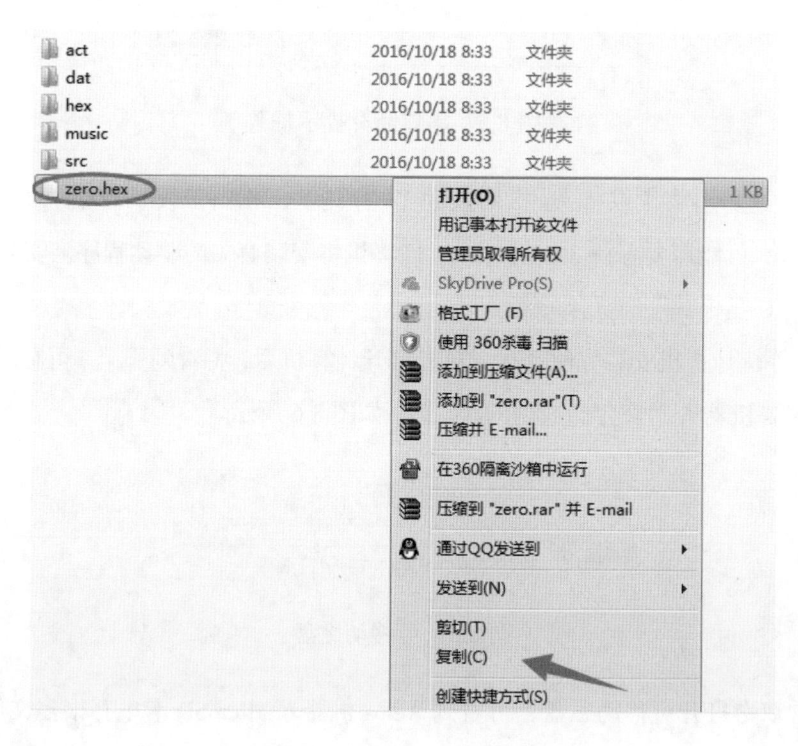

图 8.8　复制零点记录文件

（2）回到桌面，打开之前创建的文件夹 AELOS0A13012，点击右键选择“粘贴”（见图 8.9），将 Aelos 机器人的零点文件粘贴到备份文件夹中，如图 8.10 所示。

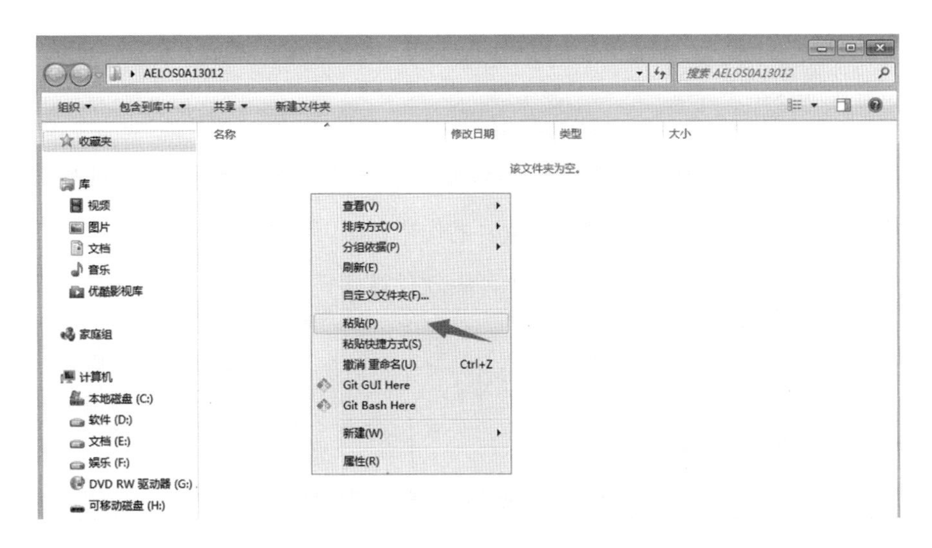

图 8.9　粘贴零点记录文件

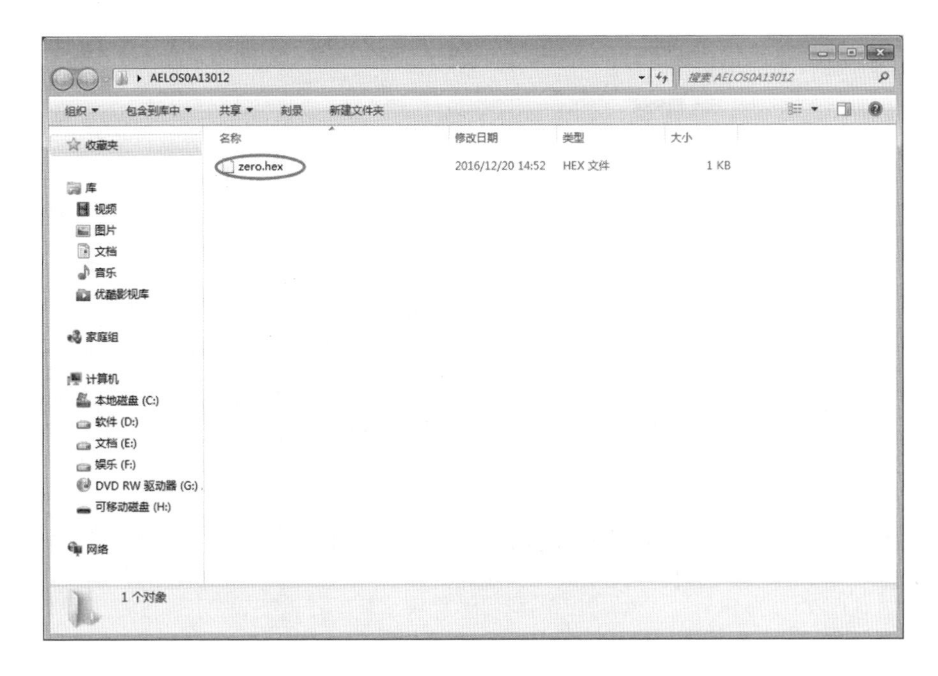

图 8.10　备份零点记录文件

（3）按下 Aelos 机器人的复位按钮重启 Aelos 机器人（即退出 U 盘模式），备份初始零点文件的工作完成。

8.2.2 重新设定零点

将初始零点文件备份后就可以进行 Aelos 机器人零点校正操作了。切记，零点对 Aelos 机器人执行动作精准性起着至关重要的作用，千万不要随意设置。

在进行零点校正操作之前，确认教育版软件被正确开启，Aelos 机器人和计算机通过正确串口相连接。

操作 1 获取 Aelos 机器人零点

（1）点击菜单栏“设置”按钮，在弹出的窗口中找到“零点调试”按钮。

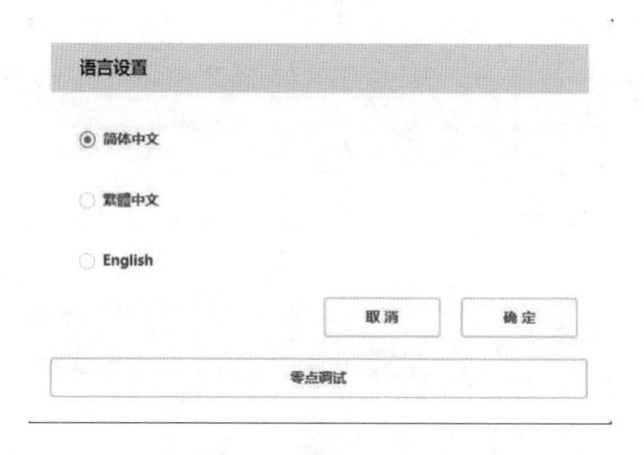

图 8.11 零点调试按钮

（2）就点击“零点调试”如图 8.12 所示的零点调试界面。

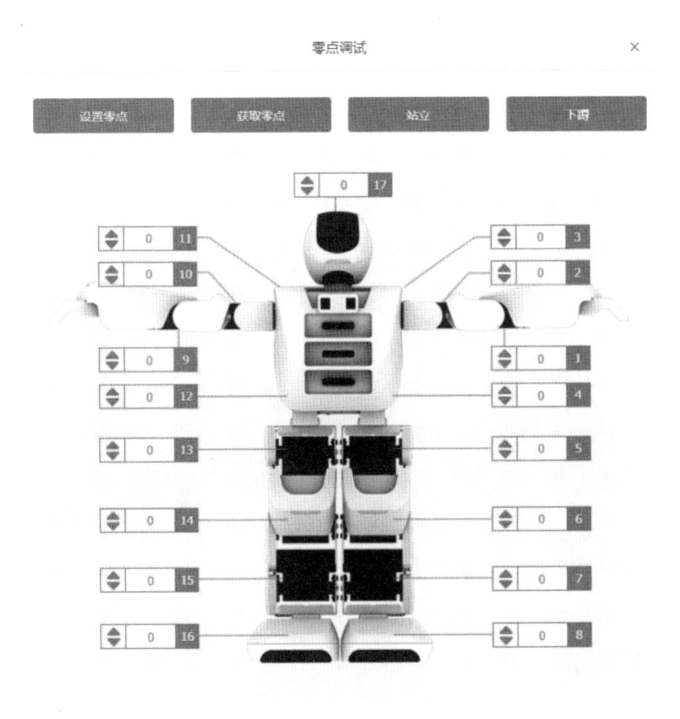

图 8.12　零点调试界面

（3）将 Aelos 机器人放在平整的桌面上，用一只手护着 Aelos 机器人，以防其在接下来的操作中摔落。

（4）点击获得“获得零点”按钮，获取 Aelos 机器人当前的零点数据。可以根据 Aelos 机器人当前的零点数据对其进行零点调试。

操作 2　调整零点

注意：调整下半身零点时，为了减少 Aelos 机器人自重对舵机的影响，建议两人合作，一人手持 Aelos 机器人，使其下半身处于不受力状态，另一人操作计算机调试舵机数据。

（1）胯部舵机调整。

首先需要调整 Aelos 机器人胯部的两个舵机（胯部舵机的编号分别为舵机 4 和舵机 12），保证 Aelos 机器人左右平衡。以舵机 4 为例，点击舵机上的左右按钮对舵机数值进行微调。分别调整舵机 4 和舵机 12，当调整到胯部钣金件结构基本水平并且与双肩平行，双脚内侧轻微接触即可。效果如图 8.13 所示。

图 8.13　胯部水平

（2）腿部舵机调整。

紧接着调整腿部舵机，腿部舵机调整有三个要点：上下一条线，前后有角度，左右相重叠。

“上下一条线”是说腿最上边的舵机和最下边的舵机外壳要在一条直线上。

“前后有角度”是说第二个和第三个舵机构成的膝盖部分要有适当的角度。

“左右相重叠”是说从侧面看，左、右腿是完全重叠在一起的。效果如图 8.14 所示。

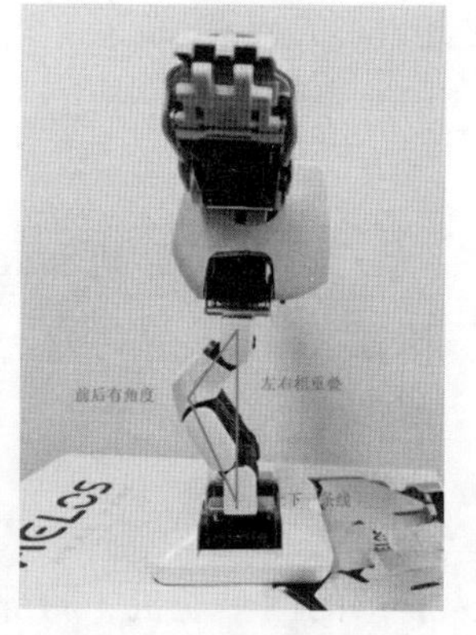

图 8.14　腿部调整三要点

注意：这是调整的难点，也是重点。腿部舵机数量多，情况复杂，需要仔细观察和耐心调试。

（3）脚面舵机调整。

双手捧起 Aelos 机器人，使得双腿自然下垂，调整双脚舵机，使得双腿在自然下垂的情况下，双脚呈一个平面。效果如图 8.15 所示。

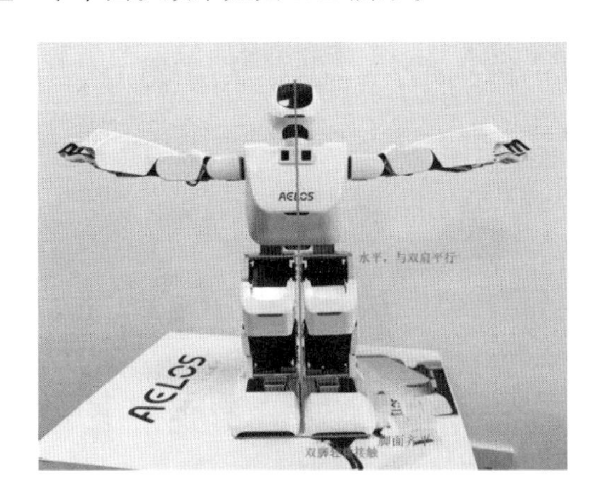

图 8.15　双脚处于同一平面

（4）下半身整体调整。

尽管以上每一步操作可能都很标准，但实际上由于视角误差和各种外力因素，Aelos 机器人的整体状态并不一定尽如人意，所以需要整体调整一下 Aelos 机器人，以尽量将零点恢复到出厂时的水准。调整时先观察 Aelos 机器人的状态，然后对相应的舵机数值进行微调。

（5）肩部舵机调整。

肩部舵机零点的调整标准就是从前方正视 Aelos 机器人时，只能看到手臂的侧面。效果如图 8.16 所示。

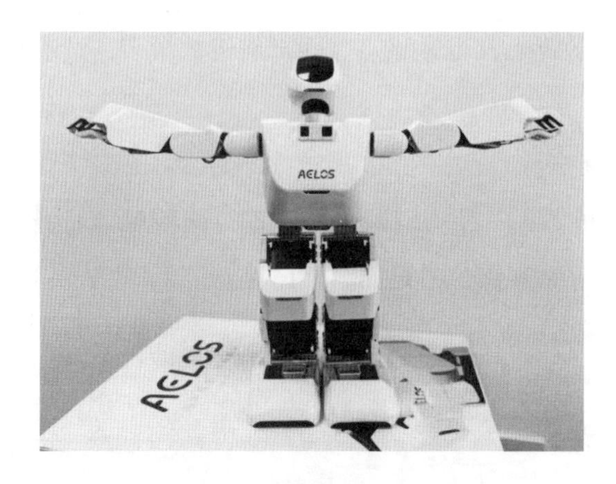

图 8.16　肩部舵机调整效果图

（6）手臂舵机调整

调整手臂舵机时，需要将手臂的舵机调整到微微上扬的位置，上扬角度大致为15–20 度。效果如图 8.17 所示

图 8.17　手臂舵机调整效果图

以上各部分调整完成后，仍需对 Aelos 机器人的整体进行微调，最后仔细观察 Aelos 机器人的形态，确认没有不合适的地方后，准备对调整后的零点数据进行保存。

操作 3　设置并保存零点

（1）在零点界面点击“设置零点”，然后点击“确定”。

（2）可以点击“站立”或“下蹲”按钮，来观察是否调试好。如果没调好，继续调试。

（3）教育版软件自动将调整后的零点数据写入 Aelos 机器人的 TF 存储卡中，零点校正完成。

（4）用户可以再次进入“U 盘模式”，备份新的零点数据文件。

8.2.3　常见问题及解决方法

在设置零点的过程中，可能会遇到一些错误或者问题，下面就两个常见问题给出解释和解决方法。

提示 1　X 零点应该在 20 至 -20 之间

首先已经明确零点对于 Aelos 机器人的运行精度是至关重要的，Aelos 机器人出厂后零点数据不可以随便修改，但是长时间使用后还是需要用户对零点进行细微调试。为了兼顾两者，Aelos 机器人研发人员在零点设置上附加了一个限制条件：每一个舵机调整的数值相对于出厂时设定的数值不能超过 ±20。这样既能够保证用户可以通过微调重新设置零点，又能在一定程度上保证零点数据不会超出预期范围，以免 Aelos 机器人因数据设定造成损坏。

提示 2　X 舵机错误

显示这一个错误有两种情况：当显示舵机 1 至舵机 19 错误时，说明舵机的数据没有传输出去，主控板没有收到舵机的反馈指令，所以一定是 Aelos 机器人出现故障，导致主控板到舵机的数据传输中断，主控板将这一不正常状态反馈给计算机，用户就知道是哪个舵机的信息传输出现问题，据此就可以对 Aelos 机器人的相应舵机进行检修。

8.2.4　零点误设恢复方法

每个人都会犯错误，尤其是刚刚学习 Aelos 机器人零点校正的用户。在设置 Aelos 机器人零点的时候万一设置错误了怎么办呢？不要着急，在误设零点后，可以按照下面的方法去解决问题。

在本章之初，用户已经把初始零点文件拷贝到计算机做了备份，在设置 Aelos 机器人零点时，会把 Aelos 机器人存储卡中原有的零点文件覆盖。因此如果设置的零点不合适，只需把最初备份的零点文件复制到 Aelos 机器人的存储卡中，重新覆盖掉含有错误数据的零点文件即可。

要覆盖错误的零点文件，首先要正确连接计算机和 Aelos 机器人，并正确进入 Aelos 机器人的“U 盘模式”。有关操作可参阅本章 8.2.1 中的讲解。

操作 1　替换 Aelos 机器人存储卡中的零点文件

（1）在备份文件夹中找到初始零点文件，在文件上点击鼠标右键进行复制，如图 8.18 所示操作。

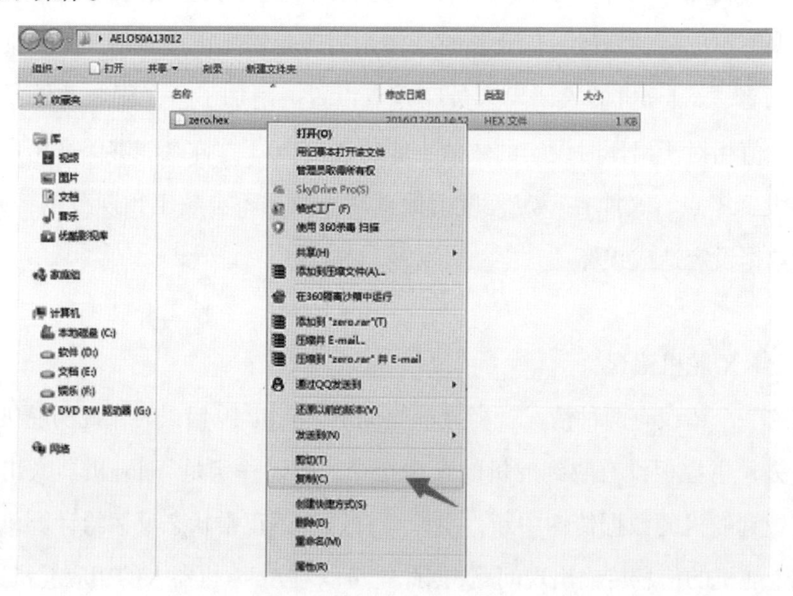

图 8.18　复制备份的零点文件

（2）打开 Aelos 机器人的存储卡（“U 盘模式”下在计算机中显示为“可移动磁盘”），右击，选择“粘贴”菜单命令，如图 8.19 所示。

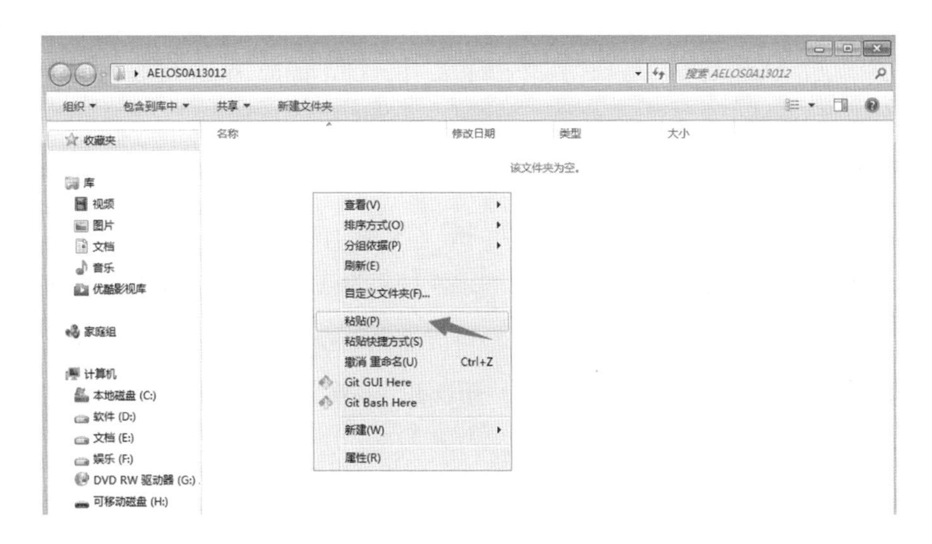

图 8.19　粘贴备份的零点文件

（3）弹出如图 8.20 所示的“复制文件”对话框，选择“复制和替换”即可。

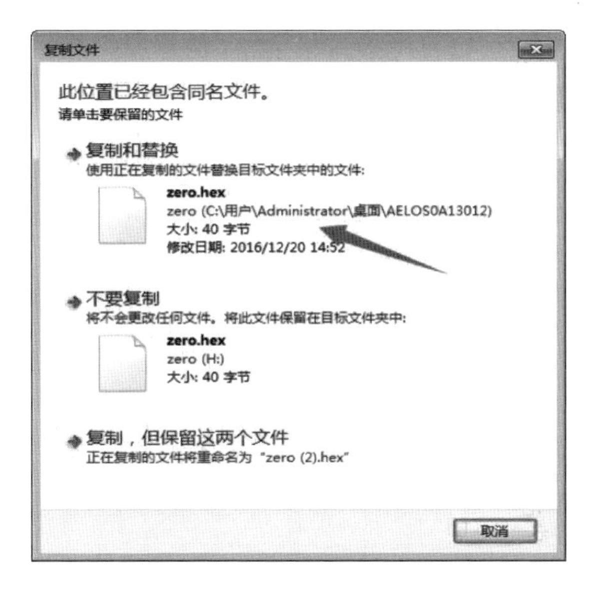

图 8.20　复制并替换掉 Aelos 机器人存储卡中的零点文件

（4）替换零点文件完成后，按下 Aelos 机器人上的复位按钮，使用新的零点文件重新启动 Aelos 机器人，对比 Aelos 机器人前、后状态的变化。

注意：覆盖 Aelos 机器人零点文件前，一定要确认所使用的零点数据文件与 Aelos 机器人是一致的，如果不一致切勿进行覆盖操作。即不同的 Aelos 机器人的零点文件是不通用的，切记!

如果最初没有对零点文件进行备份怎么办呢?那就只能按照调试零点的方法多次进行调试，直到 Aelos 机器人的肢体达到“横平竖直”的状态。

本章学习了关于零点的知识，截止到本章已经对 Aelos 机器人和动作指令设计软件有了全面、基本的学习，相信读者已经可以娴熟地控制自己的 Aelos 机器人了。有了这样的功底，就可以提升学习的难度，开启更“高端”的学习之旅。

第 9 章　动作的速度

课程目标：学习动作速度的概念，了解动作速度的重要性，学习调整动作速度的方法。

本章将引入动作方面一个关键的要素——动作速度。那么什么是动作速度？它有什么作用呢？在动作设计中，动作速度的不同会表达什么样的效果呢？带着这些疑问开始学习吧。

9.1　动作速度的重要性

有关动作速度的概念，百度百科是这样定义的：动作速度是指人体或人体某一部分快速完成某一动作的能力。动作速度是技术动作不可缺少的要素，表现为人体完成某一技术动作时的挥摆速度、击打速度、蹬伸速度和踢踹速度等；此外，还包含在连续完成单个动作时单位时间里重复的次数（即动作频率）。

9.1.1　动作速度和节奏

提到动作速度就离不开一个词——节奏，动作速度与节奏是一切运动都包含的共同运动规律，两者的关系是相伴相生的，没有动作速度就没有节奏，但节奏远比动作速度复杂。动作速度是运动快与慢的问题，而节奏则是一种有组织的情感感受，所以节奏是一种“易于意会，难以言传”的感觉。

对于视觉艺术而言，动作速度与节奏有着通达内外的魔力，内部节奏掌控着外部动作速度的表现，外部动作速度反映着内部节奏的神韵。

表演者采用合适的动作速度，更容易促使符合人物和当前情境的感官体验产生，更容易引起观众的共鸣。这种征服观众并使之产生情感上变化的力量就是内在节奏表现。

如图 9.1 所示，《江南 Style》是一首欢快的歌曲，配合快节奏的骑马舞表演，给人轻松、愉悦的感觉，使得观看者不由自主地受节奏的影响加入到舞蹈中。

图 9.1　快节奏的《江南 Style》骑马舞

如图 9.2 所示，《功夫熊猫》中阿宝打太极拳，则完全是一种慢节奏，但这种慢节奏的表演使得观众更容易产生太极拳博大精深的感觉，给人一种信心，潜意识他认为阿宝会太极拳就能打遍天下无敌手。

图 9.2　慢节奏的功夫熊猫打太极拳

由此可见，动作速度蕴含的节奏会给人们造成不同的感受和心理暗示。速度快，节奏快，会给人忙乱、紧迫、灵活的感觉；速度慢，节奏慢，会给人放松、舒缓、沉重的感觉。所以，把握好动作速度，才能掌握好节奏。它有助于提升动作的表现力和感染力，更好地引起观众的共鸣，这就是动作速度的重要性之一。

9.1.2　动作速度和性格

任何人物角色都有其自己的性格，通过人物的动作速度也能有效地刻画出人物的性格。如图 9.3 所示《疯狂动物城》中，慢性子的树懒遇上急性子的兔子朱迪，想想它们的动作速度，是不是跟它们的性格特别吻合。

图 9.3　慢性子的树懒遇上急性子的兔子朱迪

如果人物角色的动作速度不按常规去设定，就会让观众感受到人物角色性格的变化，会创造出一些夸张的效果。如图 9.4 所示，《功夫熊猫》中阿宝的动作速度设定得相对较快，一改人们对熊猫是慢性子的认知，让人潜意识地认为这是个特殊的急性子熊猫，而且还很活泼、好动，完全颠覆了熊猫形象。

图 9.4　颠覆熊猫形象的功夫熊猫阿宝

所以，要塑造人物角色的性格，可以考虑借助人物角色的动作速度。例如，要塑造一个活泼的 Aelos 机器人，那就把 Aelos 机器人的动作速度设得快一些；要塑造一个沉稳的 Aelos 机器人，那就把 Aelos 机器人的动作速度设得慢一些；要塑造一个慵懒的 Aelos 机器人，那就把 Aelos 机器人的动作速度设得很慢很慢。

9.1.3　机器人舵机运转特性

机器人所做的动作都是由舵机运转驱动的，舵机毕竟是由电气元件、机械结构组成的电子设备，不可能像人或动物那样具有敏捷的、灵活的、相对的速度调整能力。因此，在为机器人设计动作时，一定要充分考虑舵机运转的特性，尽量避免舵机驱动存在的潜在问题。

机器人从一个动作关键帧执行到下一个动作关键帧，所有舵机执行的时间是一样的。因此，在时间相同的情况下，动作起止距离大的肢体速度快，动作起止距离小的肢体速度慢。这种速度的形成是被动的，不可调的。假设 Aelos 机器人从标准的站立状态一步执行到如图 9.5 所示的状态，在相同的执行时间内，Aelos 机器人左腿的行程要大于左手臂的行程，因此左腿的动作要快于左手臂的动作，这就可能造成左手臂直接卡在左腿处，无法完全到位。人类在做这个动作时，一定会调整左手臂的速度快于左腿，这是一种主动行为，而机器人舵机的运行，则是根据距离和时间推算的，是一种被动行为，除非有一天机器人的人工智能做到足够强了，它可以根据经验值主动地提前规避可能出现的问题，那时就不存在卡住的问题了。

图 9.5　Aelos 机器人的左臂可能会卡在左腿处

关于动作速度快的部件卡住动作速度慢的部件的问题，将在 9.2.3 节中给出曲线解决办法。

机器人所做的动作都是由舵机运转驱动的，舵机有一个重要质量指标——响应速度，追求的是反应更快，更灵敏。但是，这是一把双刃剑，反应越快，造成的晃动也会越大。大家可能有过这样的经历，有的司机习惯慢慢地刹车，车上的乘客就不会感觉到晃动，有的司机喜欢到路口后紧急刹车，车上乘客就会因为惯性身体前冲。所以说，动作状态切换的速度越快，产生的惯性作用力越大。

看下面 Aelos 机器人的鞠躬动作，主要的动作关键帧如图 9.6 和图 9.7 所示。

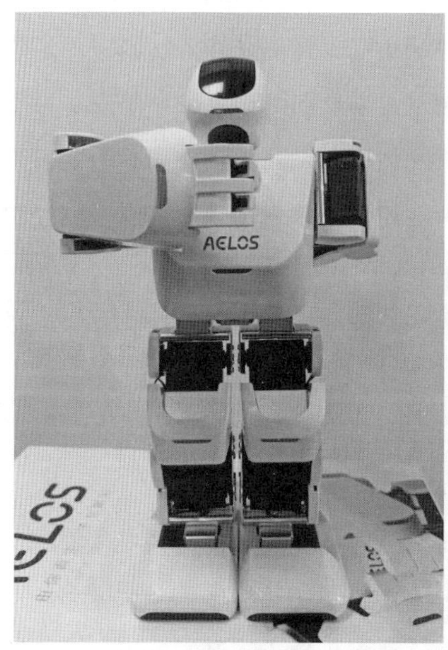

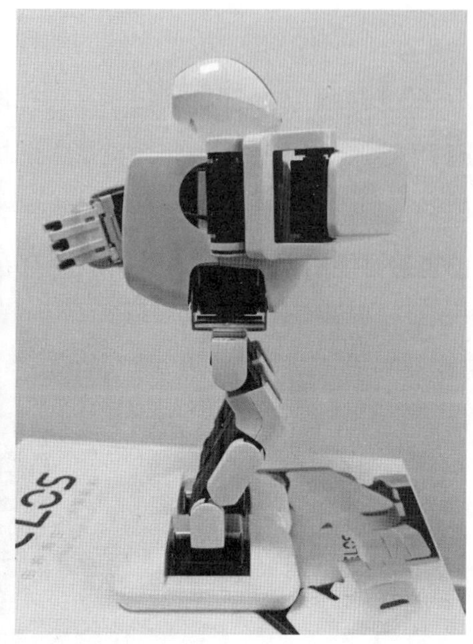

图 9.6　鞠躬动作关键帧 1

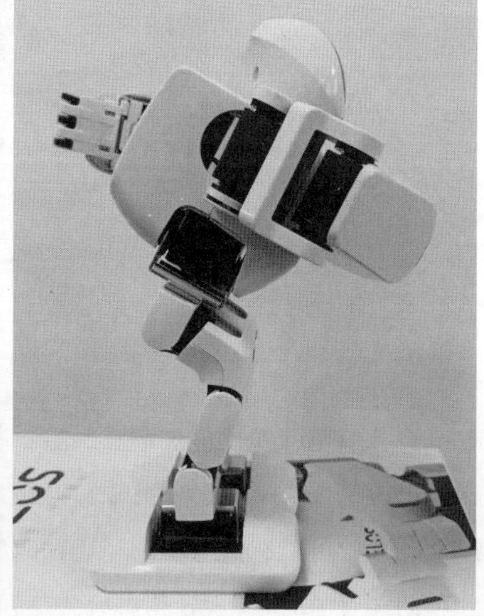

图 9.7　鞠躬动作关键帧 2

在动作关键帧 1 中，Aelos 机器人的右手臂已经基本全部绕前，左手臂只是稍微绕后，此时 Aelos 机器人的重心已经向前调整，具有向前倾倒的趋势。

接下来，Aelos 机器人从动作关键帧 1 的状态运行到动作关键帧 2 的状态，Aelos 机器人最重的部分产生向前的运动，如果鞠躬的速度很快，再加上舵机“瞬间停止”的因素，会形成很大的晃动，很有可能导致 Aelos 机器人在惯性作用下失去重心而向前倾倒。

因此，适当降低鞠躬的动作速度，一是可以减少晃动的影响，保护 Aelos 机器人不倾倒；二是慢节奏的鞠躬可以传递尊重的感觉，加强动作的表现力。

通过以上内容，我们了解了动作速度的重要性，也认识到机器人舵机运转的特性，下面通过案例来具体学习如何调整 Aelos 机器人的动作速度。

9.2　调整动作速度

Aelos 机器人的运动是由舵机的旋转驱动的，因此动作速度与舵机旋转速度直接相关。不过，目前用户只能使用速度指令在同一时间统一提升或降低全部舵机的旋转速度，不能够在同一时间针对某一个或者某几个舵机设定速度。所以本节重点讲解“速度”指令的使用，并就动作速度快的部件可能卡住动作速度慢的部件的问题给出一个“曲线”解决办法。

9.2.1　速度指令简介

速度指令位于动作视图区，每一个动作的信息条中都有一个速度选项，这里的速度值表示 Aelos 机器人完成这个动作时的速度。数字控制着动作执行的速度，数值范围为 5~150，数值越高，表示动作执行的速度越快。系统默认的执行速度为 30。

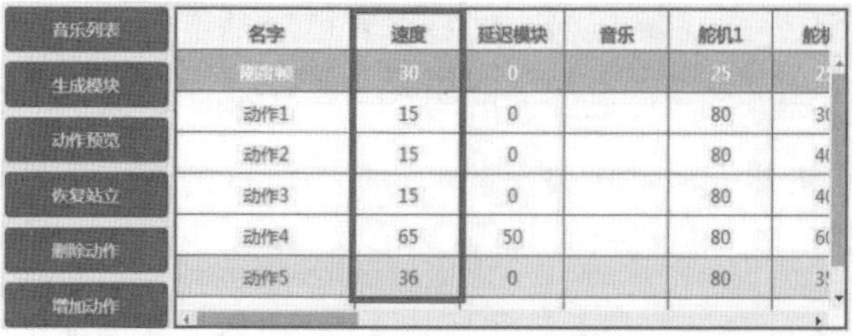

音乐列表
生成模块
动作预览
恢复站立
删除动作
增加动作

名字	速度	延迟模块	音乐	舵机1
[illegible]	30	0		25
动作1	15	0		80
动作2	15	0		80
动作3	15	0		80
动作4	65	50		80
动作5	36	0		80

图 9.8　速度指令位置示意图

在一个动作状态运行到另一个动作状态时，有的舵机转动快，有的舵机转动慢，速度指令控制哪一个舵机呢？

首先要明确机器人舵机运行的一个原则：同时启动，同时停止。仔细观察机器人的动作，是不是转动快的和转动慢的都遵循这一原则。为什么不能控制它们以统一的速度进行转动呢？如果速度设定为一致，那么动作幅度小的舵机会先到达终点位置，它就得停下并等待动作幅度大的舵机到达终点，然后再进行下一个动作，这就违背了舵机同时启动，同时停止的原则。

所以速度指令被设计为控制动作幅度最大的舵机的速度，动作幅度小的舵机实际运行速度都将根据这一速度通过机器人主控板上的芯片计算出来，以确保同时启动，同时停止。

如：舵机 1 要转动 60° ，舵机 2 要转动 135° ，SPEED 速度设定为 90（°/ s），那么舵机 2 的速度就是 90（°/ s），完成 135° 旋转需要 1.5 s，按照同时启动，同时停止的原则，舵机 1 也需要执行 1.5 s，那舵机 1 的实际速度则是 60 ÷ 1.5=40（°/ s）。即舵机 2 的速度是舵机 1 的 2.25 倍，舵机 2 完成的动作幅度也是舵机 1 的 2.25 倍。如果将速度提升为 180（°/ s），则舵机 1 的速度也会相应提升到 80（°/ s），因此 SPEED 命令虽然只是控制动作幅度最大的舵机的速度，但是对全部的舵机都会产生影响。

那么问题又来了，速度指令又是如何控制舵机转动的速度呢？怎么样从 90（°/ s）提升到 180（°/ s）呢？

在舵机中，控制单元通过控制输入信号脉冲的宽度来控制舵机的转动。脉冲宽度不同，舵机转动的角度就不同，如图 9.9 所示。

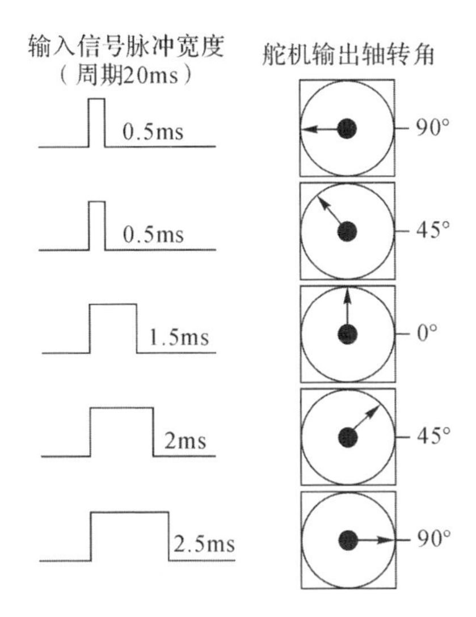

图 9.9　舵机转动角度原理图

控制单元控制着舵机要转过的角度，但是控制单元不是一下将位置发送过去，而是分步发过去，每 20ms 发送一次。比如控制一个舵机转动 90° ，速度设定为 10 的话，每过 20ms 主控板就会告诉舵机转动 1° ，经过 90 次后舵机最终转动到 90° 的位置，这个过程是间断的，但是由于 20ms 时间很短，所以并不能感觉出来。如果速度设定为 100，那么就是每过 20ms 主控板告诉舵机转到 10° 的位置，经过 9 次通知后舵机即转动到 90° 的位置。实际上，速度是控制单元告诉舵机在 20ms 内转动到的终点的角度，这就是速度指令的工作原理。

9.2.2　使用速度指令

本例将设计一套 Aelos 机器人挠头动作，通过改变动作速度，用同一套动作尝试表达不同的含义。首先来看挠头动作的动作关键帧，如图 9.10 所示。

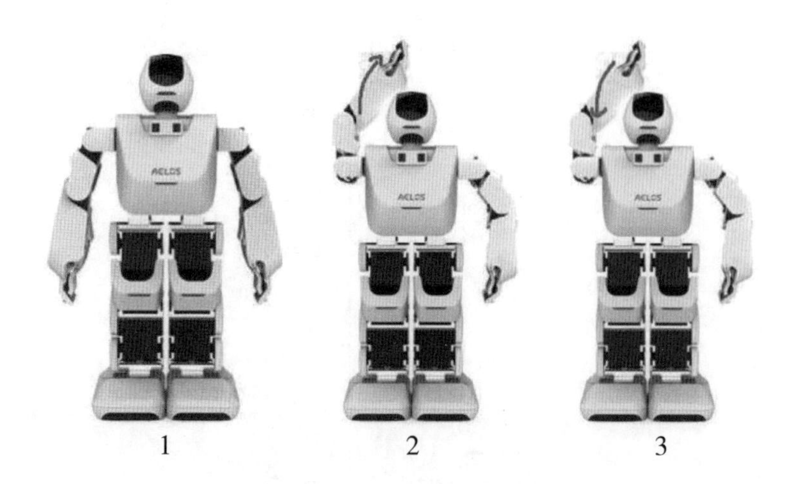

图 9.10 挠头动作关键帧

这套挠头动作的设计有两个动作关键帧，即动作关键帧 2 和动作关键帧 3。动作关键帧 2 中手的位置略低，动作关键帧 3 中手的位置略高，图中的箭头表示手臂运动的趋势。整套动作在动作关键帧 2 和动作关键帧 3 之间反复执行，就形成了手臂一上一下的挠头动作。

正常的速度执行挠头动作，可以表达正在思考的意思。如果把动作速度加快，则容易让人想起“抓耳挠腮”的图像，那表达的就是手足无措、着急的意思。如果把动作速度调整到很慢，会不会让人遐想到“当窗理云鬓”，表达一种比较惬意的意境。

接下来就来完成这套动作的设计，因为需要反复执行，所以会用到 FOR 循环指令。有关该指令的具体讲解和应用可以参看第 13 章中的讲解，此处不做具体介绍。

开启教育版软件，将 Aelos 机器人通过正确的串口与计算机相连接，新建工程，按照见名知义的原则建议取名为“挠头”。新建完成后，务必执行保存操作，这样即可在后面的操作中随时保存工作成果。

操作 1 设计动作关键帧 2

（1）动作关键帧 1 是 Aelos 机器人的标准站立状态，不需要用户设计，直接在动作中插入标准站立的状态即可。

（2）参照动作关键帧 2，挠头动作主要是右手臂的动作，因此在机值视图中点击舵机 9、10、11，对 Aelos 机器人的右手臂进行解锁。

（3）为测试 Aelos 机器人的右手臂是否解锁成功，可以先尝试用轻微力度扭转 Aelos 机器人的右手臂，可以体会到来自舵机的阻力，稍微加力即可抵销这种阻力。

（4）确认 Aelos 机器人右手臂解锁成功，将 Aelos 机器人的右手臂扭转到如图 9.11 所示的位置。该位置略低于动作关键帧 3 所示的位置，这样将会控制 Aelos 机器人的右手臂产生向上的运动。

图 9.11　右手臂动作位置 1

（5）重新对 Aelos 机器人的右手臂加锁，点击动作视图中的“增加动作”，将上面调试完成的动作状态 1 增加至动作视图区。

注意：如果没有对 Aelos 机器人的右手臂重新加锁，在执行“增加动作”命令时，就无法记录调试的动作状态。

操作 2　设计动作关键帧 3

（1）参照动作关键帧 3 继续设计挠头动作，重新对 Aelos 机器人的右手臂解锁，将右手臂扭转到如图 9.12 所示的位置，该位置略高于动作关键帧 2 所示的位置，这样将会控制 Aelos 机器人的右手臂产生向下的运动。

图 9.12　右手臂动作位置 2

（2）重新对 Aelos 机器人的右手臂加锁，点击动作视图中的“增加动作”，将上面调试完成的动作状态 2 增加至动作视图区。

（3）动作增加完成后，生成动作模块，命名为“挠头”，点击“下载”将动作模块下载到 Aelos 机器人的存储卡中，使用遥控器操作执行。

在测试执行时，Aelos 机器人的右手臂只会向上移动一次，然后就恢复到标准站立的状态，这显然没有达到预想的挠头动作效果。

（4）为了让右手臂上下移动，可以使用 For 循环模块，将“挠头”模块拖入 For 循环模块中，设置循环次数为 10，即可控制右手臂上下移动，形成挠头的效果。

图 9.13　For 循环模块

（5）执行保存操作并“一键下载”，再次测试执行，这次挠头效果就比较到位了。

操作 3　调试速度指令

（1）首先将动作关键帧 2 的速度指令修改为 45，即控制右手从上向下移动时速度为 45。

（2）将动作关键帧 3 的速度指令修改为 35，即控制右手从下向上移动时速度为 35。如图 9.14 所示。

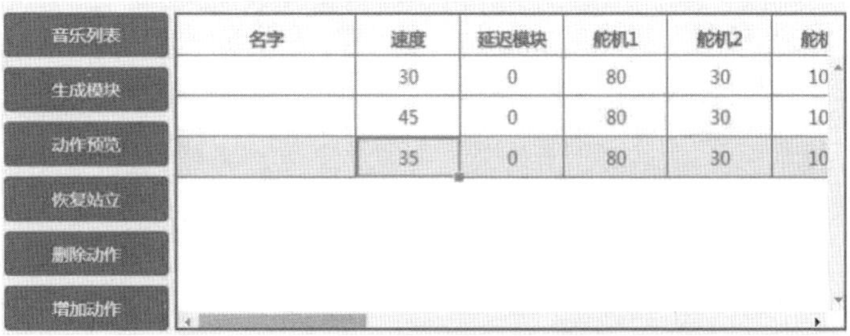

音乐列表
生成模块
动作预览
恢复站立
删除动作
增加动作

名字	速度	延迟模块	舵机1	舵机2	舵机
	30	0	80	30	10
	45	0	80	30	10
	35	0	80	30	10

图 9.14　修改速度指令

（3）生成模块后下载，使用遥控器操作执行。注意观察同样动作在不同速度下的执行效果，是不是视觉感受有所不同。

（4）修改速度数值，测试不同数值所带来的效果，尤其是在调整为 30 以下的数值时，体验一下动作的视觉感受。

由于速度指令是在同一时间对全部舵机进行速度的提升或降低，而不能在同一时间内，对不同的舵机有的进行提升速度，有的降低速度，因此速度指令并不能有效地解决卡顿问题，接下来将提供一个“曲线”解决办法。

9.2.3　解决卡顿问题

既然在同一时间内，机器人不能自主地调节动作速度，即不能让该快的快起来，该慢的慢下来，甚至是快的动作让慢的动作先执行。那么，就只能通过增加动作关键帧的方式，将造成肢体卡顿的动作拆分开，让慢的先做到位，再让快的跟进执行。

回想一下第 7 章中设计的金鸡独立动作，使用了两幅动作关键帧，第一幅是扭转右腿上的舵机，使 Aelos 机器人的左腿能被动地抬起来，第二幅是抬起左腿至一定的高度，如图 9.15 所示。

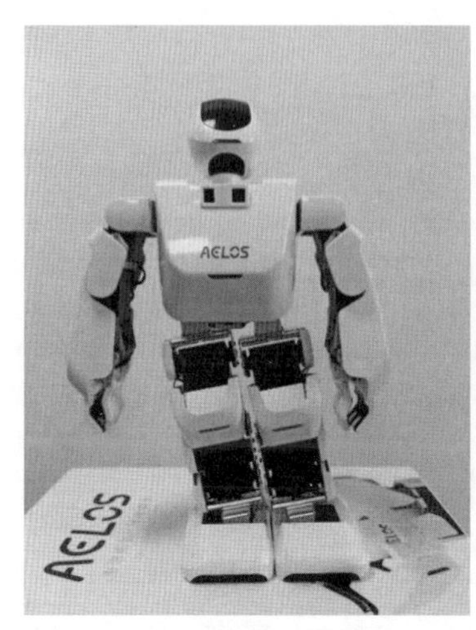

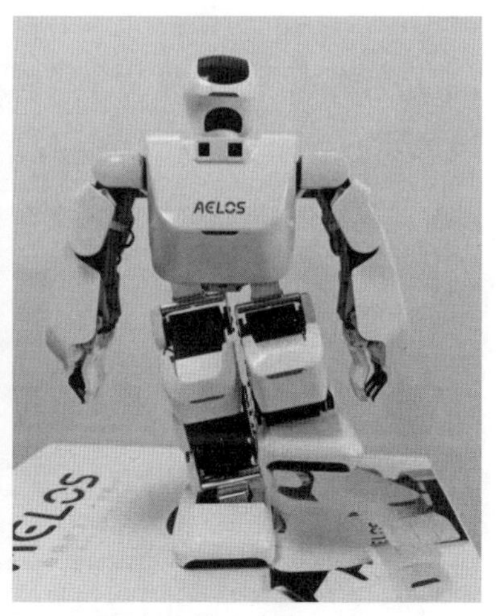

图 9.15　金鸡独立的两幅动作关键帧

如果这个动作由人来完成，则完全没有这么“费事”，可以一边向右倾斜，一边直接抬起左脚，人为地控制好每个环节的动作速度，将向右倾斜的速度加快，放慢抬起左脚的速度。不过，Aelos 机器人就做不到这一点，如果让它从标准站立状态一步执行到第二幅动作关键帧的状态，由于右脚的动作幅度小，左脚的动作幅度大，因此在相同的执行时间里，左脚的速度要高于右脚的速度，这就会造成在重心还没有完全转移到位的情况下，左脚就已经抬起了，所以 Aelos 机器人一定会倒向左侧。

目前，还没有办法在同一时间单独调整不同的舵机有升有降的速度，也就是说在同一时间段内，不能让左脚抬起的速度慢点，右脚扭转的速度快点。所以要解决这个问题，不能使用速度命令，只能“曲线”解决：通过拆分成两个动作关键帧，让慢的动作先执行到位，再执行快的动作，尽量不要使快的动作影响到慢的动作。

【练习】设计不同速度的动作。

在咏春拳（快节奏）和太极拳（慢节奏）中选择经典动作进行设计，注意表现拳法的节奏。

第 10 章　动作之间的衔接

课程目标：了解动作之间衔接的重要性，掌握动作之间的衔接方式和衔接动作的设计原则。

动作衔接是一个电影术语，是一种使影片主体动作具有连贯性的剪接方法，目的是使上一个镜头与下一个镜头的转换连接具有连续性而无跳跃感。在为机器人设计动作时，做好动作衔接设计，除了保持连续性外，还有更重要的作用。

10.1　动作衔接的重要性

人类的运动系统受大脑和神经系统的控制可以达到完美的协调程度，机器人的人工智能还远未达到人脑的水平，因此在设计动作时，如果不考虑机器人执行动作的特点，难免会出现意想不到的问题。下面就来认识一下人和机器人执行动作的不同。

10. 1. 1　人和机器人执行动作的不同

人类具有高度发达的大脑和神经系统，在它们的指挥下，所做动作可以达到高度统一和协调。即使大脑还没有明确地发出命令，人类也可以基于经验或“下意识”地做出反应，按照默认的习惯做出相应的动作，如图 10.1 所示。这种“下意识”的习惯动作能够超前地帮助人类解决潜在的问题，甚至是规避危险。

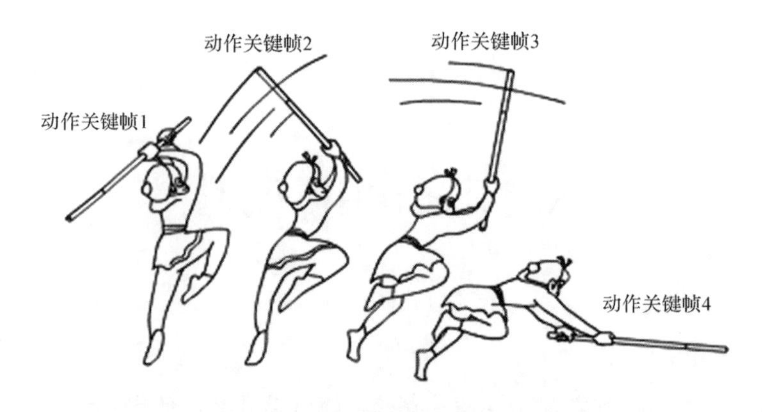

图 10.1　人类可以下意识地做出中间动作

人类在做这样的一个挥棒动作时，即使没有中间的两幅动作关键帧，也会“下意识”地“补全”动作，使整个动作按照一定的弧度执行，这样的运动状态才比较合理，符合人类的认知习惯。

如果是机器人完成上面的挥棒动作，整套动作只有动作关键帧 1 和动作关键帧 4，那么整个动作的趋势就是向右下方发展。由于机器人只会按照线性变化执行动作，因此这个挥棒动作就变成了“扑街”动作，如图 10.2 所示。这样不但造成动作变形严重，视觉效果极差，更把孙悟空的光辉形象“摔到”九霄云外去了。

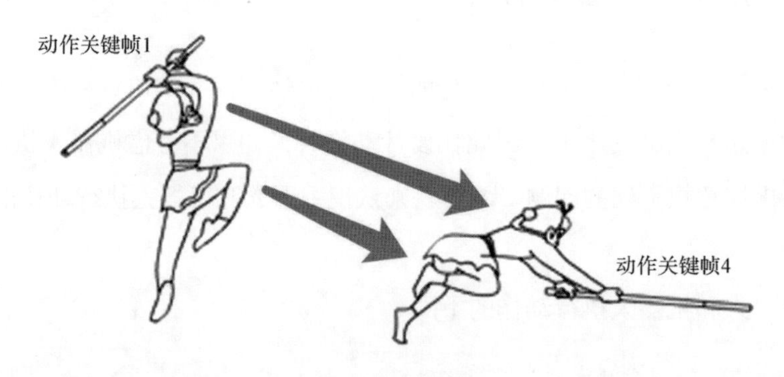

图 10.2　线性变化

为了让机器人能够拟人化地做出有弧度的动作，在设计动作时，就要人为地在动作关键帧 1 和动作关键帧 4 之间插入新的动作关键帧，控制机器人按照动作关键帧的引导完成有弧度的动作。

从上面的案例可以看出，机器人只会按照动作关键帧“死板”地执行动作，通过计算前、后状态肢体之间产生的位移数据，采用两点一线的方式直接切换过去。它不会像人类一样出于美观、协调的需要而自主地增加一些衔接动作，更加突出动作的表现力。因此，要使机器人的动作协调，拟人化程度高，就需要在动作关键帧上下工夫，慢工出细活。

10.1.2　动作衔接的特殊作用

上一节提到机器人不会“自主”地为了动作的协调和连贯添加动作关键帧，只能由动作设计人员为其服务。有时，这种增加协调和连贯性的衔接动作起到的可能是“锦上添花”的作用，而有一种衔接动作则是起到“雪中送炭”的重要作用。

下面以手臂前后摆动的动作为例。如图 10.3 所示，手臂的前臂横贴在胸前作为第 1 个动作关键帧（左图），手臂的前臂移至背后，横贴在背部作为第 2 个动作关键帧（右图）。

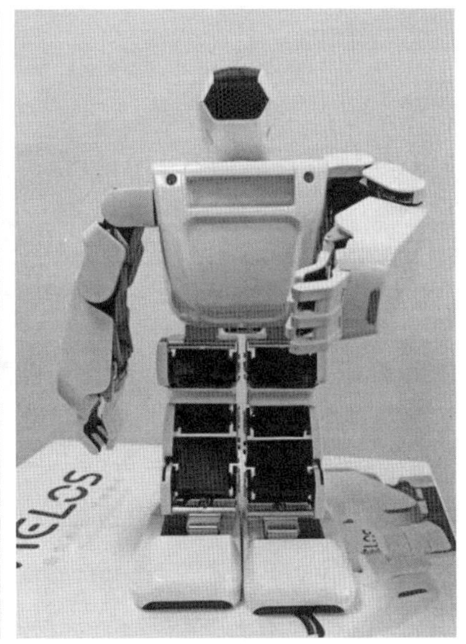

图 10.3　手臂前后摆动动作关键帧

经过调试，动作关键帧1和动作关键帧2的动作指令代码如图10.4所示。

	舵机8	舵机9	舵机10	舵机11	舵机12	舵机13
	99	120	170	100	101	93
关键帧1	99	29	20	159	101	93
关键帧2	99	44	21	63	101	93

图 10.4　动作关键帧 1 和动作关键帧 2 动作指令代码

在动作视图区中，将光标插入动作关键帧 1 的动作信息条，预览动作关键帧 1 的执行效果。然后点击动作关键帧 2 的动作信息条，测试执行动作。问题出现了，Aelos 机器人的手臂卡在了腿部，如图 10.5 所示。

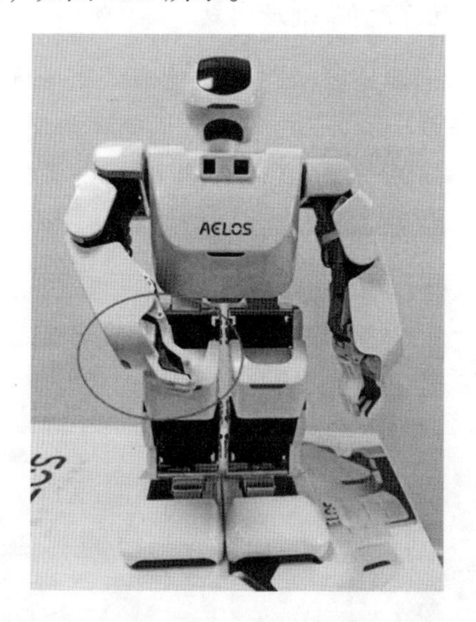

图 10.5　Aelos 机器人的手臂卡到腿部

这就是上一节所说的，因为机器人只会线性地执行动作，因此可能在执行过程中，手臂卡在身体的其他的部位，造成动作执行失败，严重的还会烧毁舵机。

为了能顺利完成手臂前后摆动的动作，避免执行过程中出现手臂卡在腿部的错误，可以人为地在两个动作关键帧之间增加衔接用的动作关键帧，通过这样的衔接动作来解决卡顿问题，保障整套动作的执行。有关具体方法参看第 10.2.2 节中的讲解。

接下来，再来看一个案例，设计一个 Aelos 机器人鞠躬的动作，如图 10.6 所示。

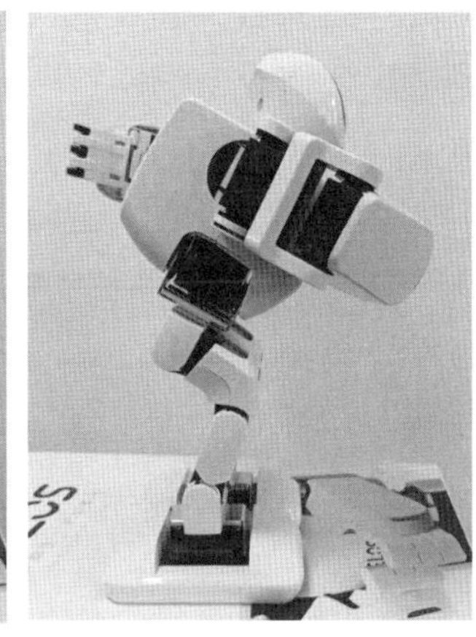

图 10.6　鞠躬的动作关键帧

这个动作不是很复杂，貌似可以让机器人从标准的站立状态直接执行到如图 10.6 所示的鞠躬状态。如果真的这么执行，机器人的右手臂很有可能因为直线移动而触碰到腿部，甚至会卡在腿部。

为了避免出现这种情况，还是需要在标准站立状态和最终的鞠躬状态之间增加衔接动作，通过衔接动作化解卡顿的问题，具体解决办法参看第 10.2.2 节中的讲解。

以上的案例都以手部动作为主，其实机器人脚部的动作更需要注意动作的衔接，尤其是那些单腿支撑的动作，如图 10.7 所示。

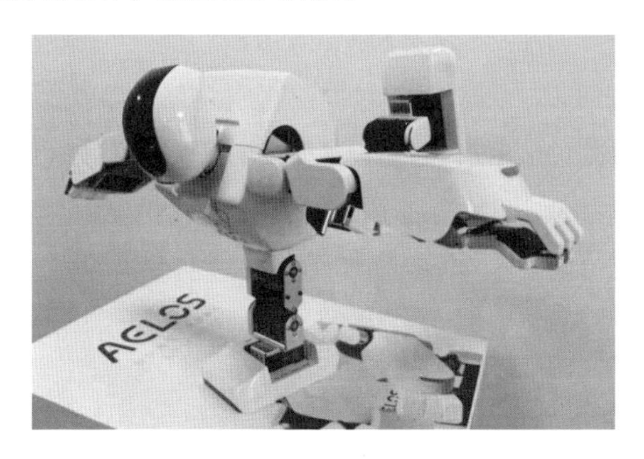

图 10.7　Aelos 机器人单腿支撑动作

还记得第 7 章完成的金鸡独立动作吗？为什么会用到两幅动作关键帧，其实第 1 幅动作关键帧就是起到动作衔接的作用，确保 Aelos 机器人的重心完全移到支撑腿上，然后才能继续后续的动作。同样，处于单腿支撑的 Aelos 机器人也不能直接执行下一个动作，很有可能会因为重心没有恢复到正常位置而摔倒，此时必须在中间加入衔接动作，通过衔接动作先把 Aelos 机器人的重心恢复到正常状态，然后再继续后续的动作。记住一点：如果前、后动作状态造成重心位移过大，就一定要在中间插入衔接的动作关键帧。

通过以上几个案例就是想提醒用户，机器人执行动作的方式与人类有很大的区别，它没有那么“机智和灵敏”，也不会自己“酌情处理”。因此，不论为机器人设计什么难度的动作，都要特别注意动作的衔接。下面，为用户提供几种有效的动作衔接方法。

10.2　动作衔接的方法

Aelos 机器人通过舵机驱动肢体的变化形成动作，频繁的动作会使 Aelos 机器人晃动越来越厉害，这种晃动如果用衔接关键帧来解决，有点“大炮打蚊子”的感觉。为了减缓和消除晃动带来的弊端，可以采用一个相对简单的方法——时间延迟法。

10.2.1　时间延迟法

在教育版软件中，时间延迟法有两种实现方法。

第一种就是通过延迟模块来实现对机器人动作时间的调节。和速度一样，延迟模块同样位于每一个动作的信息条中。通过延迟模块将动作的最终状态延迟一定的时间，使 Aelos 机器人有一定的时间减缓甚至消除做动作带来的晃动，然后再进行下一个动作，如图 10.8 所示。

音乐列表
生成模块
动作预览
恢复站立
删除动作
增加动作

名字	速度	延迟模块	音乐	舵机1	舵机
刚度帧	30	0		25	2
动作1	15	0		80	3
动作2	15	0		80	4
动作3	15	0		80	4
动作4	65	50		80	6
动作5	36	0		80	3

图 10.8　时间延迟指令

延迟模块中的数值表示动作延迟的时间。数字控制着时间延迟的长短，数值范围为 0ms–2000ms。数值越大代表延迟的时间越长，默认延迟时间为 0ms。

第二种方法就是使用控制器模块中的延时模块。延时模块的作用和延迟模块相同，可以将上一个动作模块的最终状态延时一定的时间。延时模块中数值的范围为 0ms–9999ms。数值越大代表延时的时间越长，如图 10.9 所示。

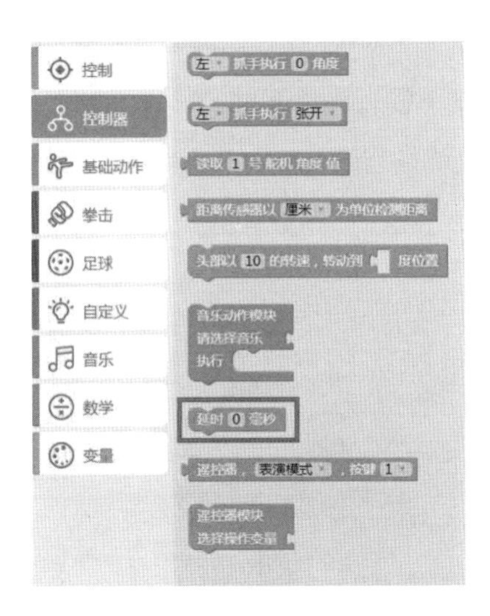

图 10.9　延时模块

在动漫领域，一般会按照主要动作要慢，中间动作要快的运动规律进行设计，因此，在为 Aelos 机器人设计动作的时候，建议在标志性动作或者特色动作的后面使用延迟模块或延时模块。这样做有三点益处：①充分展现标志性动作或者特色动作，能够加强视觉效果，更充分地激发视觉感受；②产生一定的时间和空间的“静止”，有利于观众回味动作，同时产生抑扬顿挫的节奏效果；③稳定 Aelos 机器人的重心，消减动作过程中出现的抖动，为下一个动作提供更好的起始状态。

10.2.2　分解法

分解法其实在第 7 章金鸡独立动作的设计中已经有所提及，就是针对出现问题的动作关键帧进行动作分解或者增加辅助动作，配合新增的分解动作或者辅助动作增加动作关键帧，通过新增加的动作关键帧起到衔接、迂回解决的作用。

首先来学习使用分解法解决鞠躬动作中存在的卡顿问题，尝试将原来一幅动作关键帧设定的动作分解成由多幅动作关键帧设定的分解动作，再通过合理安排新增动作关键帧的顺序确定分解动作被执行的顺序，最终在完成既定动作状态的情况下解决卡顿问题。

既然是手臂绕前过程中发生卡顿问题，那就在鞠躬动作中把手臂绕前动作分解出去。参看图 10.10，先增加右手臂直线抬起的动作关键帧，目的就是彻底地远离腿部，避免造成触碰或者卡顿。也就是俗话说的，“惹不起，躲得起”。这也可以作为解决卡顿问题的一个原则。

图 10.10　右手臂抬起的动作关键帧

再增加右手臂的环绕动作，如图 9.11 所示。此时右手臂已经完全绕过腿部，需要做的就是让其回归到预定位置。然后就可以继续完成后续的鞠躬动作了。

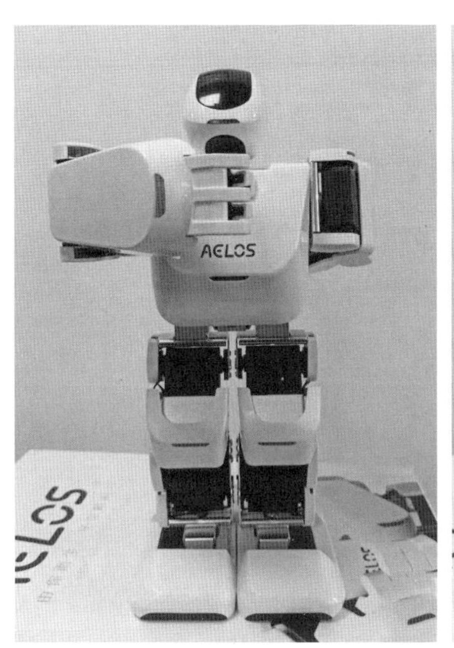

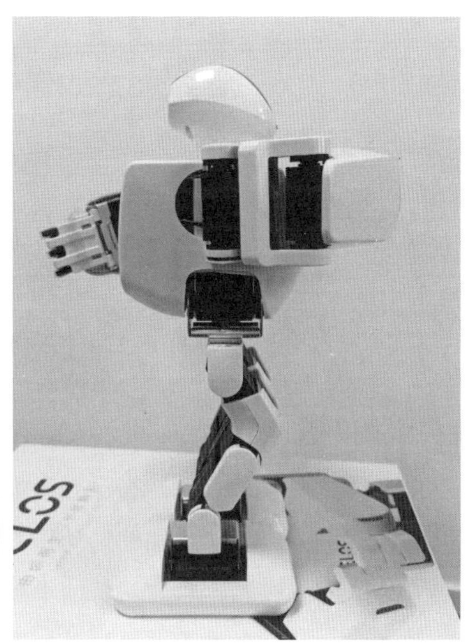

图 10.11　右手臂环绕的动作关键帧

针对 Aelos 机器人动作设计中出现的问题，采用分解法设计衔接动作应考虑以下几点：①原动作是否具有可分解性；②分解出的动作如何安排执行顺序；③分解出的动作是否会破坏最终的动作形态；④分解的动作如何能一步到位，不会因为存在卡顿等问题而再次被分解。在进行动作分解时，能把这几点因素都考虑到，基本就可以顺利完成分解工作了。熟能生巧，用户多加练习才能更好地掌握分解法。

回到之前手臂前后摆动的案例中，为了能顺利完成手臂前后摆动的动作，避免执行过程中出现卡在腿部的错误，可以采用分解法，在两个动作关键帧之间增加辅助性的动作关键帧。辅助性的动作关键帧如图 10.12 所示。

图 10.12　辅助性的动作关键帧

辅助性动作关键帧中 Aelos 机器人的右手臂被设计在身体的右侧，通过这个动作可以起到引导手臂移动的作用。在没有这个辅助性动作关键帧时，右手臂从前向后将采用直线的方式进行移动，增加辅助动作关键帧后，右手臂将增加横向移动的动作。这样右手臂的动作将形成两种状态，前半截右手臂是向后向外移动，过了中间点将变为向后向内移动，这样既巧妙地避开身体，不会再发生卡顿错误，也不会改变手臂从前向后摆动的主要运动形态。

起着引导作用的辅助动作关键帧指令信息条如图 10.13 所示。请大家对比动作关键帧 1 和动作关键帧 2 动作信息条，重点是右臂状态对应的舵机值。

音乐列表 / 生成模块 / 动作预览 / 恢复 / 删除动作 / 增加动作

	机7	舵机8	舵机9	舵机10	舵机11	舵机12	舵机13
	24	99	120	170	100	101	93
关键帧1		99	29	20	159	101	93
	24	99	90	26	103	101	93
关键帧2		99	44	21	63	101	93

图 10.13　辅助动作关键帧指令代码

右臂的第 1 个参数（舵机 9），从 29 变为 44，控制右手臂向外张开；第 2 个参数（舵机 10），基本都是 20，所以动作可以忽略不计；第 3 个参数（舵机 11），从 159 变为 63，控制右臂直接向后移动。

在加入引导动作用的辅助关键帧后，第 1 个参数（舵机 9）数值变化为 29–90–44，明显的表示出前半程向外张开，后半程向内合拢；第 2 个参数（舵机 10）数值变化为 20–26–21，变化不大，所以动作可以忽略不计；第 3 个参数（舵机 11）数值变化为 159–103–63，依然是控制右臂直接向后移动。就是第 1 个参数控制着手臂先绕开身体，再返回到预定位置。将三张动作关键帧连贯起来，用户就更容易看到手臂的运动状态。如图 10.14 所示。

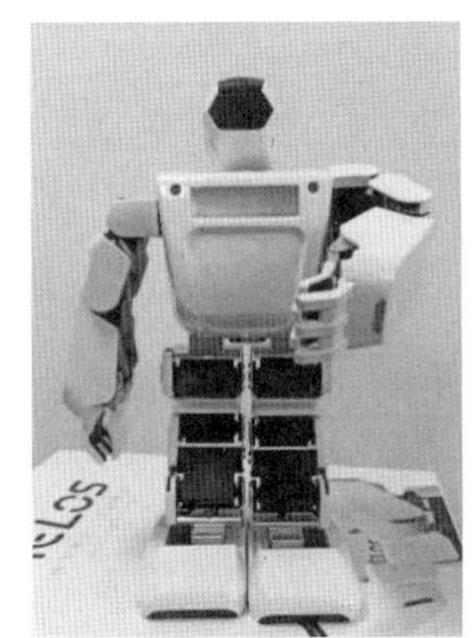
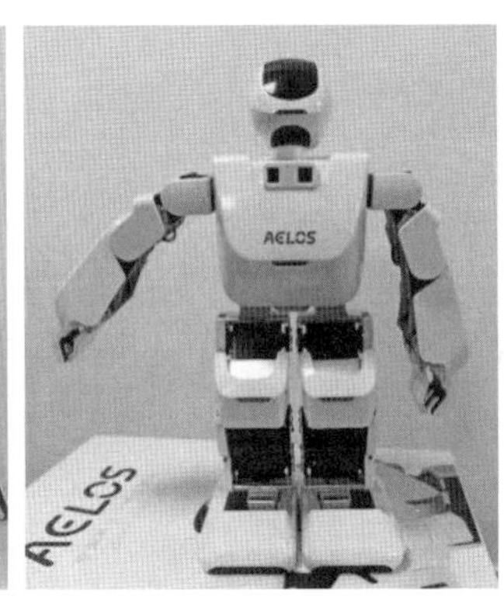

图 10.14　带有衔接动作关键帧的摆臂动作

通过以上解决办法不难看出，增加辅助动作可以有效地解决卡顿问题。辅助动作关键帧一是起到引导动作发生变化的作用，二是起到衔接动作的作用，保障整个动作顺利完成。

懒人秘籍：仔细看上面案例中使用的辅助动作关键帧，像不像 Aelos 机器人的标准站立状态。其实 Aelos 机器人的标准站立状态就是很好的辅助动作关键帧，可以作为衔接动作应用在很多场景中。如果用户不想去设计特别的衔接动作，那么完全可以对标准站立动作施行“拿来主义”。

最后总结一下：在舞蹈动作设计中，为了动作美观、连贯，可以多设计一些衔接动作，不仅有助于舞蹈的表现，更有助于稳定机器人，降低摔倒的概率。无论是复杂动作，还是简单动作，稍不留意可能就会产生动作卡顿的问题。就如同人一样，大脑和神经系统对动作已经控制得很到位了，还会发生不小心咬到舌头的情况，何况是人工智能尚待提高的机器人。要解决卡顿问题，需要不断提高动作设计能力，在设计阶段就充分规划好动作关键帧，多以机器人的运动方式评估自己设计的动作，有利于更早地发现问题，解决问题。

10.3　刚度与刚度帧

除了通过时间的延迟和动作分解来调节动作的衔接之外，我们还可以通过调整舵机本身的性能来达到改善动作衔接的目的，即通过刚度的调节来实现。

刚度是指材料或结构在受力时抵抗弹性变形的能力。在机器人中，刚度的作用是可以弹性地改变舵机的柔韧性。当机器人做一些不需要舵机吃力的动作的时候，可以降低舵机的刚度，增加柔韧度；当做一些需要舵机吃力的动作的时候，可以提高舵机的刚度，增加舵机的力量。也就是说，增加舵机的刚度，舵机的力量会增加，柔韧性会变差；减小舵机的刚度，舵机的力量会减小，柔韧性会变好。

刚度值的范围在 0–100，默认值为 40。

操作 1　调整动作刚度

（1）在“基础动作”指令栏中选择“金鸡独立”动作模块。选中“金鸡独立”动作模块可以在动作视图中看到相关动作信息条。

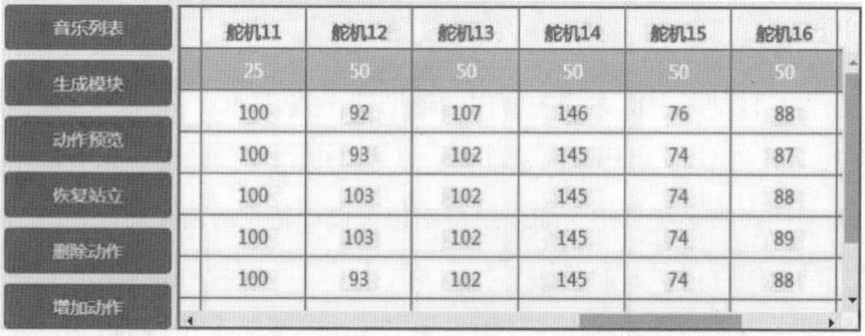

音乐列表
生成模块
动作预览
恢复站立
删除动作
增加动作

舵机11	舵机12	舵机13	舵机14	舵机15	舵机16
25	50	50	50	50	50
100	92	107	146	76	88
100	93	102	145	74	87
100	103	102	145	74	88
100	103	102	145	74	89
100	93	102	145	74	88

图 10.15　刚度帧

（2）改变刚度帧信息条（以灰色背景显示）中舵机的刚度值为 20，生成模块“金鸡独立 – 刚度 20”。

舵机11	舵机12	舵机13	舵机14	舵机15	舵机16
25	20	20	20	20	20
100	92	107	146	76	88
100	93	102	145	74	87
100	103	102	145	74	88
100	103	102	145	74	89
100	93	102	145	74	88

图 10.16　改变刚度 20

（3）同样的改变刚度值为 70，生成模块“金鸡独立 – 刚度 70”。

舵机11	舵机12	舵机13	舵机14	舵机15	舵机16
25	70	70	70	70	70
100	92	107	146	76	88
100	93	102	145	74	87
100	103	102	145	74	88
100	103	102	145	74	89
100	93	102	145	74	88

图 10.17　改变刚度 70

（4）将三个动作模块拖入相应控制程序模块中，分别设置对应遥控器按键 1、2、3，下载程序，观察执行效果。

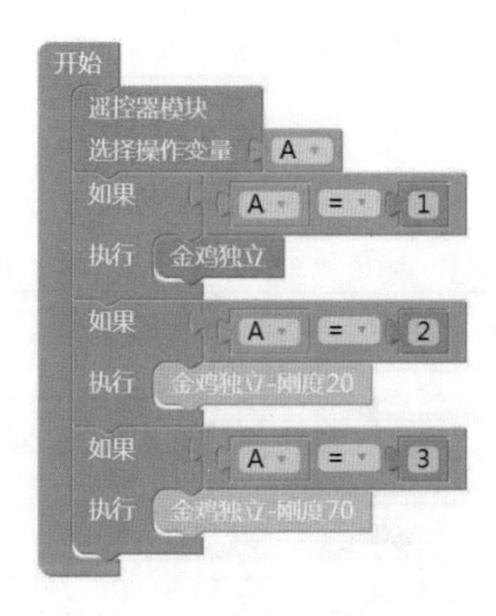

图 10.18　不同刚度的“金鸡独立”动作

（5）执行1号按键动作，即“金鸡独立”动作时，动作流畅自然；执行2号按键动作，即“金鸡独立－刚度 20”动作时，舵机力量变小，会导致机器人摔倒；

执行3号按键动作，即“金鸡独立—刚度 70”动作时，动作会有一点僵硬，柔韧性变差。

【练习】卡顿动作的分解。

利用分解法分解含有卡顿问题的动作，尽量针对腿部动作，尤其是需要单腿支撑的动作，如白鹤亮翅等。

第 11 章　动作的循环

课程目标：学习动作视图中“次数”和机值视图中“循环次数”的功能和使用；学习设计出可以循环执行的动作指令；掌握机器人连续行走时的动作和重心变化规律。

循环就是执行完一遍，然后接着执行另一遍，一遍遍地重复执行。在为 Aelos 机器人设计动作时，对一些动作连续重复使用，可以有着很好的视觉体验，并起到事半功倍的效果。

11.1　循环的作用

11.1.1　机器人适合做循环动作

人类社会中，循环无处不在。如人类和动物的行走动作（见图 11.1）；风力发电机扇叶的旋转；发动机里活塞的循环运动。

图 11.1　人类行走动作

人类越是重复的、有规律的动作，越容易被机器人模仿。因此处于生产线的工人越来越多地被机械臂、机器人所替代。这些机器人几乎不用“休息”，“任劳任怨”地每天重复着同样的工作，如图 11.2 所示。

图 11.2　分拣机器人不知疲倦地工作

尤其是一些特别需要手眼配合的精细分拣工作，比如从一堆药片中分拣出残次品，如果是人工进行，开始注意力可能比较集中，差错率较低，时间一长，由于眼睛疲劳，注意力的下降，人工就很容易出错了。但机器人就不同了，通过摄像头采集图像，经过图像分析找到残次品，然后指挥机械臂拣出，一切都是程序化进行，不存在注意力是否集中的问题。因此即使昼夜不停地重复同样的工作，误差率也是极低的。

机器人属于机电一体的智能机械设备，从本质上讲，机械设备最大的特点就是能够执行固定的动作。因此，机器人也会具有这样的特点，关键还是如何为机器人设计出合理的循环动作。

11.1.2　循环动作的规划

回想一下第 9.2.2 节中设计的挠头动作，如图 11.3 所示。动作关键帧 1 一般是默认要插入动作的，虽然不是必须，但是它有重要的作用：如果挠头动作紧跟其他动作的后面执行，在动作关键帧 2 前面插入一个标准站立状态的动作关键帧 1，可以作为衔接动作，同时起到稳定机器人的作用。所以，建议用户形成这样的一个设计习惯。

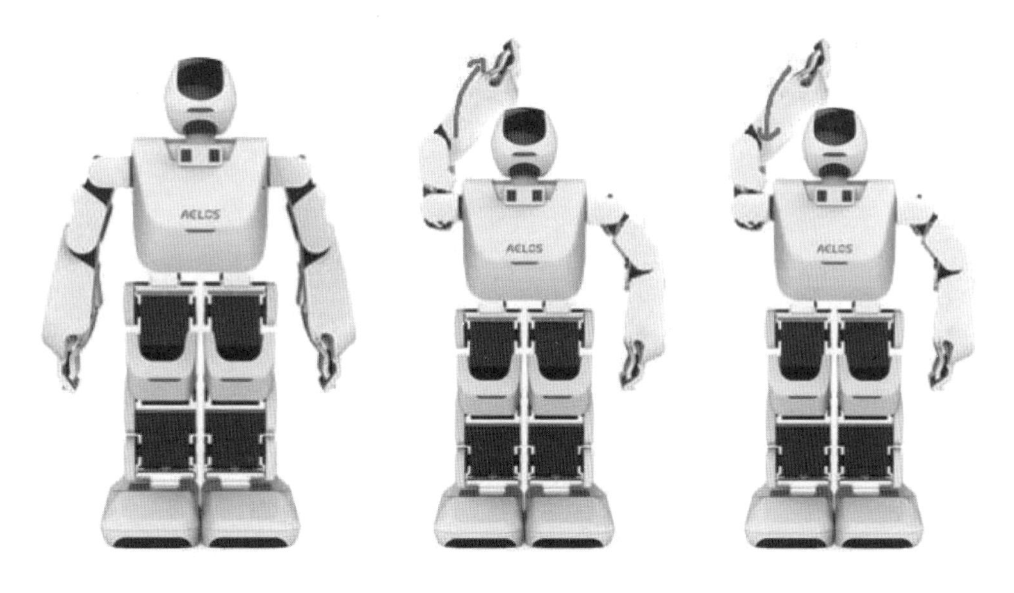

图 11.3　挠头动作关键帧

正式的挠头动作设计有两个动作关键帧：动作关键帧 2 和动作关键帧 3。动作关键帧 2 中手的位置略低，动作关键帧 3 中手的位置略高，图中的箭头表示手臂运动的趋势。整套动作需要在动作关键帧 2 和动作关键帧 3 之间循环执行，形成手臂一上一下的循环挠头动作，一般将这种反复执行的动作称为循环体。

由于之前插入有一个动作关键帧 1，如果不小心把动作关键帧 1 也包含在循环动作中，那就改变了循环体的内容，效果就不同了，用户可以通过第 11.2.1 中的案例体验一下。

在为 Aelos 机器人设计循环动作时，最困难的就是循环体的设计，尤其是作为开头和结束的两个动作关键帧，一定要形成协调的、连贯的动作衔接，否则就会造成动作的跳跃或者动作中断，这样的视觉效果可不是我们希望 Aelos 机器人展示的。

上面挠头的循环体还比较容易想明白，接下来分析一下人类行走的循环动作。尽管大家天天都在行走，但是把自己的行走动作完美地再现到 Aelos 机器人身上却不是一件容易事。（你可能会想：什么？不就是把走一步的动作循环起来，不就形成连续行走的动作了吗？）

如果大家真的这么想，那就大错特错了，从一出发就走上了错误的道路。首先看图 11.4，这是人物行走的 5 个关键帧。如果是走一步，那前面还有一个标准站立的动作关键帧，结束的时候也应该有一个标准站立的动作关键帧，所以完整的走一步其实应该是有 7 个动作关键帧。

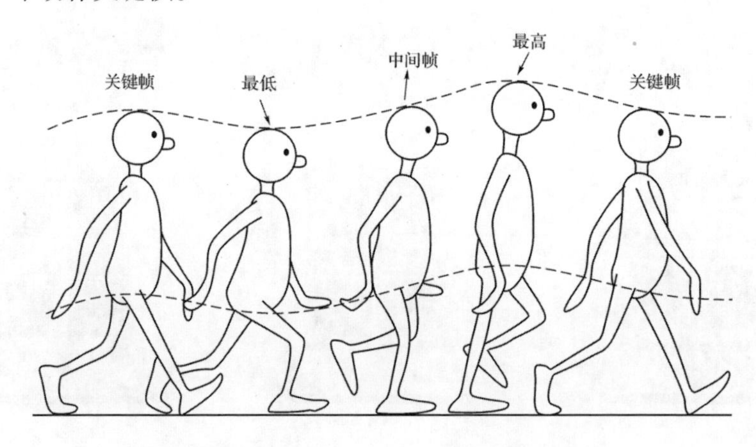

图 11.4　人物行走的 5 个动作关键帧

如果直接用 7 个动作关键帧进行循环，用户可以自己模仿体验一下。“站立—左腿 1 步—站立，站立—左腿 1 步—站立，站立—左腿 1 步—站立……”，这不是正常的行走动作，这是负伤后拖着伤腿一步一步地挪，活脱脱的“顺拐”+“残疾”的伤病形象。即使循环使用上面的 5 个动作关键帧，也不会形成人类行走的效果，“左腿 1 步—跳步—左腿 1 步—跳步—左腿 1 步……”，根本就不是人类行走的效果，中间会有一个“跳步”，会造成动作的中断和不和谐，而且每次迈出的都是左腿，仿佛右腿负伤（没设计动作）啦，因此右腿只能被左腿“拖行”（跳步）。

所以，在为 Aelos 机器人设计动作时，如果动作只是需要向前走一步，那么可以参考上面的 5 个动作关键帧进行设计，如果动作需要连续起来，向前走几步，那么就必须参考图 11.5 给出的动作关键帧，通过循环这 10 个动作关键帧形成连续行走的动作。

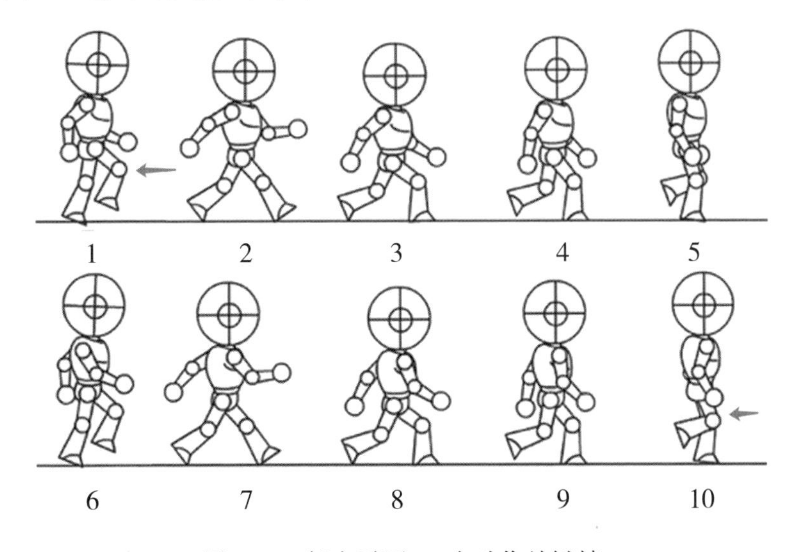

图 11.5　行走需要 10 个动作关键帧

一般动作都是从 Aelos 机器人的标准站立状态起步，相当于开头有一个标准站立的动作关键帧，在做循环动作时，一定要考虑这一个动作关键帧对起步动作的影响。分析图 11.5 的第 1 幅动作关键帧，为什么选择右腿抬起半步作为起始动作关键帧，因为这个状态比较接近标准站立状态，又能很好地跟最后一幅动作关键帧形成连贯的变化。如果将图 11.4 所示的第 1 幅动作关键帧作为循环动作的起始关键帧，因为动作变化幅度比较大，从标准站立状态开始行走时，第 1 步就会造成跳的感觉，更严重的问题是与最后一幅动作关键帧无法形成连贯变化，会在结束动作连接起始动作的过程中，因为两个动作之间动作幅度突然变化大而产生动作速度的变化，给人不稳定的视觉感观。

通过以上分析可以体会到，完成单套的动作相对容易，不是所有的单套动作都可以直接拿过来循环使用。要形成连贯协调的循环动作，起始动作关键帧和结束动作关键帧一定要合理地进行动作切分，尽量将这两帧之间的动作幅度与其他帧之间的动作幅度保持一致，才能有效地防止动作跳跃或者中断。

最后就行走动作再延伸一下，要设计完美的行走动作，除了注意动作关键帧要设计得符合循环执行的需求，还需要注意把握 Aelos 机器人胯部的细节动作设计，这样做的目的就是为了让 Aelos 机器人在行走过程中，重心能完美地在左腿和右腿之间平稳连贯转换。

先来了解一下人类在行走过程中胯部以及重心的变化情况，如图 11.6 所示。注意图中支撑腿和移动腿前后移动时对胯关节带来的影响（实际是胯关节驱动腿部移动）。

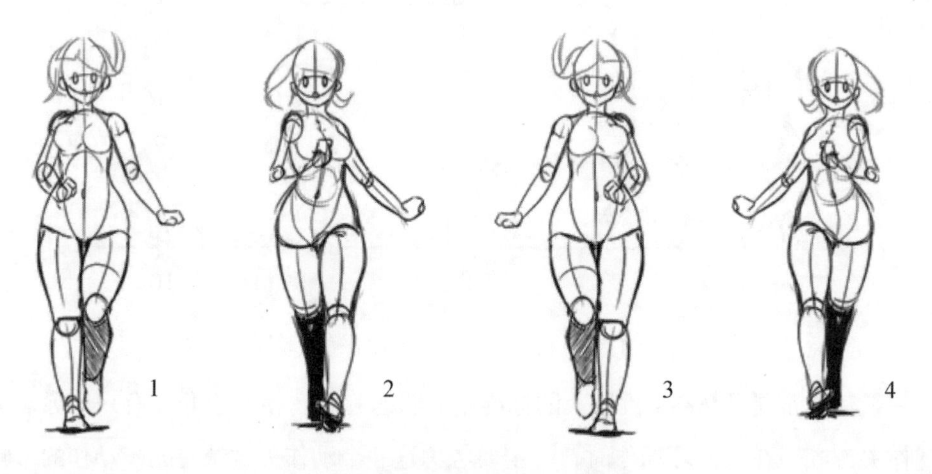

图 11.6　胯部和身体重心的变化图解

编号 1 表示胯平齐，重心（从左腿）转换到右腿，抬起左腿；

编号 2 表示左胯抬高，伸出左腿（向前迈出一步），重心在右腿；

编号 3 表示胯平齐，重心（从右腿）转换到左腿，抬起右腿；

编号 4 表示右胯抬高，伸出右腿（向前迈出一步），重心在左腿。

所以，在人类行走过程中，左、右腿各自迈出一步，人体重心就需要在左、右腿间完成一次转换。

11.2　循环的使用

本节将来学习一下如何通过教育版软件去实现动作的循环，共有两种方式，将通过案例让用户了解各自的应用场景。最后将围绕人类行走的动作关键帧，指导用户完成 Aelos 机器人行走的动作设计。

11.2.1　无限循环

无限循环是循环结构中的一种，也称为当型循环。无限循环模块可以理解为“当…满足时”，执行某一段指令。

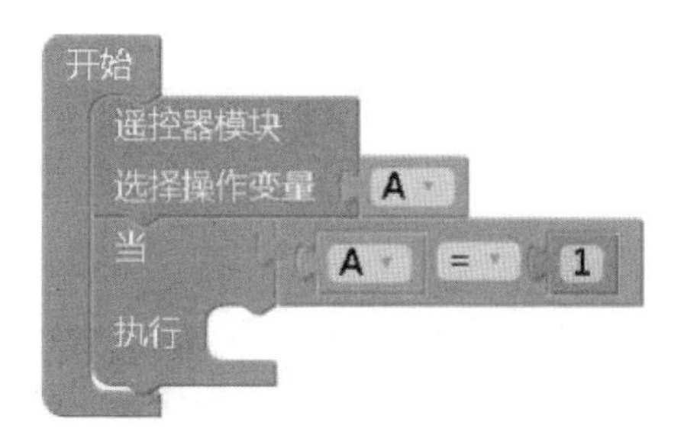

图 11.7　无限循环模块

11.2.2　多次循环

多次循环也称为 For 型循环，同学们可以在 For 循环模块的属性面板中修改循环指令的循环次数和循环条件。

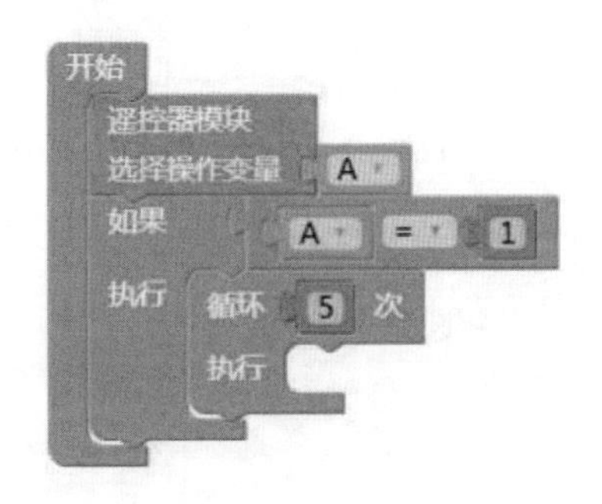

图 11.8　For 循环模块

循环结构可以减少源程序重复书写的工作量，用来描述重复执行某段算法的问题，这是动作设计中最能发挥计算机和机器人特长的程序结构。同学们在动作设计时要灵活运用循环模块，可以极大地提高动作设计的效率和效果。

【练习】设计循环行走动作

为 Aelos 机器人设计循环行走的动作指令，动作关键帧参看图 11.9，注意把握第一幅动作关键帧和最后一幅动作关键帧之间的动作幅度。另外还要注意胯关节的扭动、重心的转移，行走动作属于中等难度的动作指令，需要一定的设计技巧，用户要多加练习，才能掌握和应用自如。图 11.10 为动作示意图，注意 Aelos 机器人左胯和右胯的扭转程度。

图 11.9　行走的 10 个动作关键帧

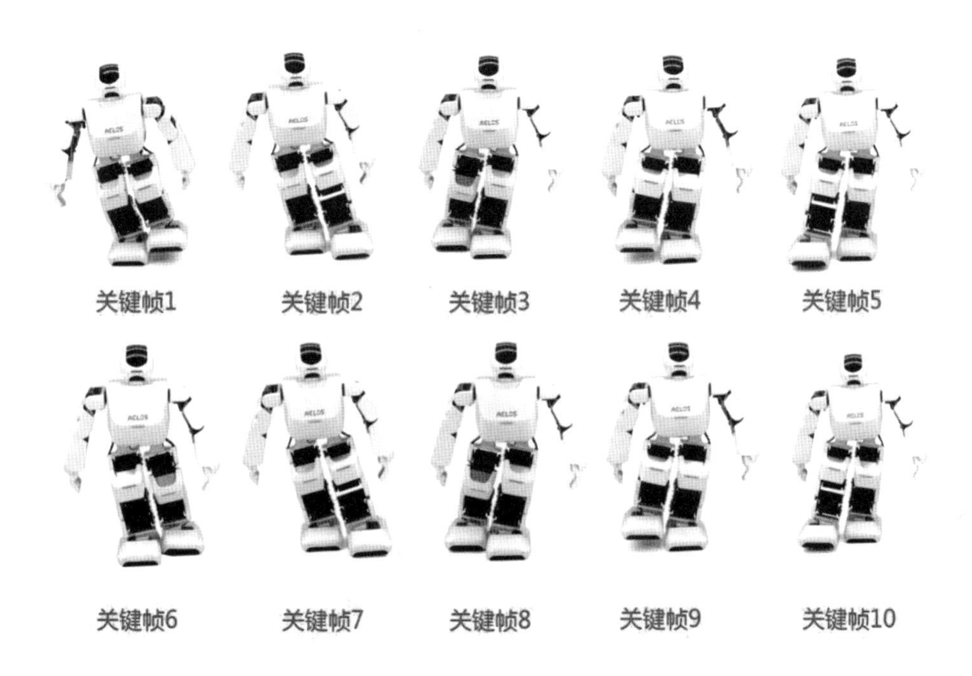

图 11.10　行走循环动作指令设计关键帧

第 12 章　动作的音乐

课程目标：学习如何在动作上附加声音，常用声音文件格式的认知。

每次坐在 IMAX 巨幕影厅里欣赏大片，震撼人心的绝对止是画面，气势磅礴的 背景音乐往往更能让人产生共鸣。同样，机器人在跳舞时如果没有声音的衬托，那么给人的感觉就是机器人在“瞎忙活”，丝毫没有艺术的感觉。由此可见，为动作附加声音 是多么重要。

本章就来学习如何为动作附加声音，并了解 Aelos 机器人能够支持的声音文件格式，后面两章将进一步讲授声音文件的处理技巧，引导用户为 Aelos 机器人创建更个性化，更符合场景需求的声音。

12.1　为动作附加声音

在 Aelos 机器人存储卡中有一些供学习使用的声音文件，用户在为动作附加声音时可以使用。如果对这些学习用声音文件不满意，还可以将自己喜欢的声音文件拷贝到存储卡。但是 Aelos 机器人能否使用这些增加的声音文件呢？如果格式不对，Aelos 机 器人也有可能“水土不服”啊。

注意：存储卡上有一些 Aelos 机器人日常使用的声音文件，如提示电量低等，因此操作前请务必备份卡上的声音文件，尽量不要修改 Aelos 机器人使用到的关键声音文件。

12.1.1　调用音乐库声音文件

虽然 Aelos 机器人的存储卡上有一些供学习使用的声音文件，但是如果没有对声音文件执行加载操作，是无法在动作设计中直接使用声音文件的。下面通过两个操作案例来学习如何调用音乐库声音文件。

操作 1　加载存储卡中的声音文件

（1）打开教育版软件，新建并选择 Aelos lite 机器人，选择正确的串口连接 Aelos 机器人。

（2）在动作视图区中，点击“音乐列表”，然后复制想要的音乐。如图 12.1 所示。

图 12.1　音乐列表

（3）将复制过来的音乐名字粘贴在“请输入音乐名”的地方。注意，音乐名必须是复制粘贴。

图 12.2　播放音乐

操作 2　为动作模块附加声音

（1）接上面案例继续操作，将播放音乐模块拖入音乐动作模块。如图 14.4 所示。

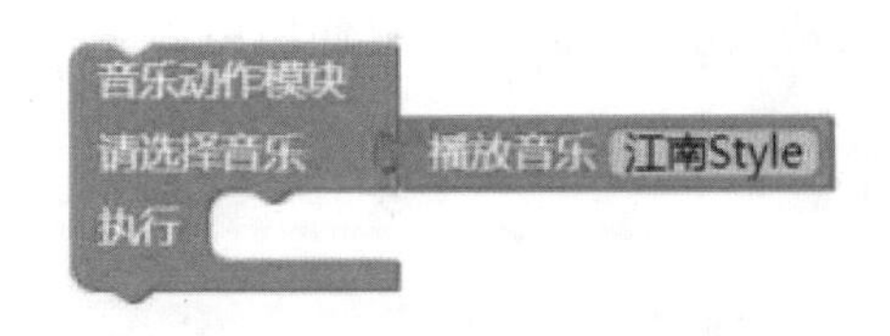

图 12.3　为动作模块附加声音

（2）选择想要执行的动作模块，拖入音乐动作模块中，完成给当前动作模块附加声音的操作。

注意：当添加的声音文件播放时间较长，超过动作模块执行时间时，声音文件会随着动作指令开始而播放，随着动作模块结束而停止，不会在动作模块执行完毕后继续播放；声音播放完毕后不会影响动作模块的继续执行。为了达到更佳的演示效果，声音文件的播放时长跟动作模块执行时长最好相近。

12.1.2　添加声音文件到音乐库

若想要对自己设计的动作附加一些个性化声音，音乐库中提供的声音文件显然难以满足需求，那么如何添加声音文件到音乐库中供动作调用呢？本节就来学习如何将声音文件添加到音乐库。

要将声音文件添加到音乐库，即添加到存储卡中，首先需要在计算机中显示出 Aelos 机器人的存储卡，然后才能进行相应的拷贝和粘贴操作。

操作 1　显示存储卡内容

（1）打开教育版软件，新建并选择 Aelos lite 型号机器人，使用正确的串口连接计算机和 Aelos 机器人。

（2）在菜单栏中点击“U 盘模式”，Aelos 机器人与计算机将中断串口的连接，但是会进入“U 盘模式”，即计算机开始识别 Aelos 机器人内置的存储卡。在正确加载存储卡后，可以直接对存储卡进行读写等操作，如图 12.4 所示。

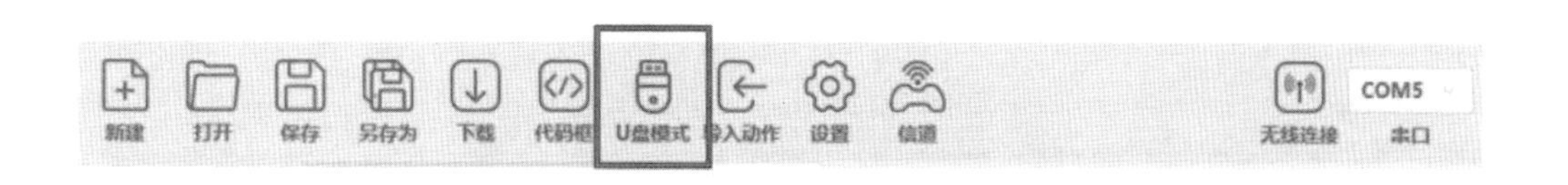

图 12.4　打开 U 盘模式操作示意图

注意：如果计算机与 Aelos 机器人事先没有通过串口正确连接，直接点击软件中的“U 盘模式”是无法执行的。

（3）Aelos 机器人存储卡被正确加载后，可以在系统中看到加载的存储卡，双击打开可以找到 music 文件夹，如图 12.5 所示，该文件夹即 Aelos 机器人的音乐库。

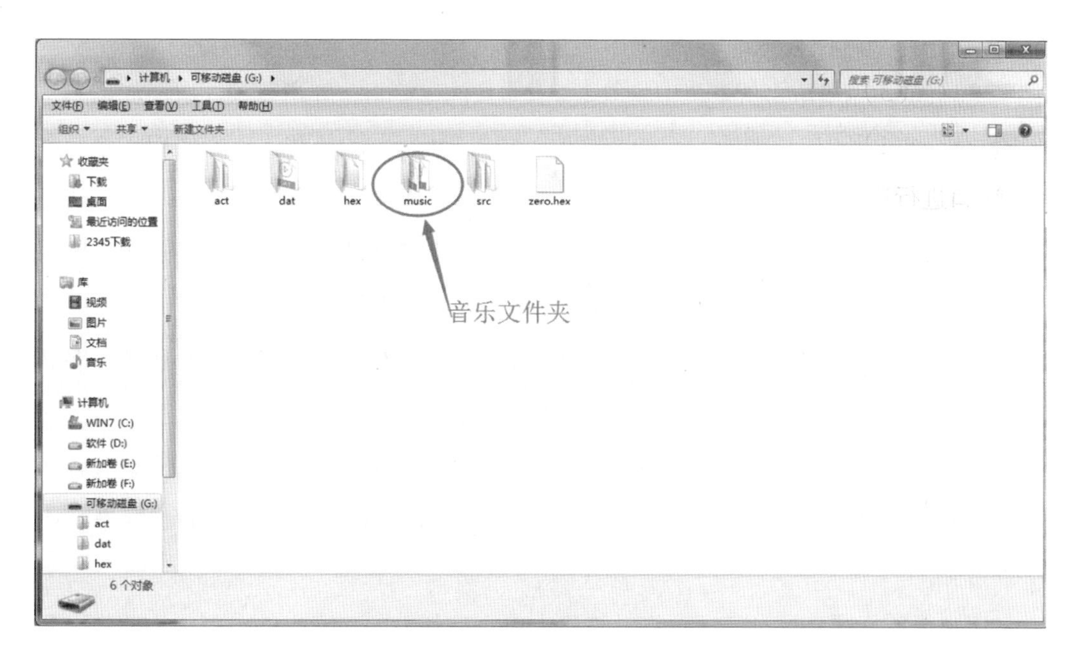

图 12.5　音乐库（music 文件夹）

（4）双击 music 文件夹打开，可以查看目前可用的声音文件，如图 12.6 所示。

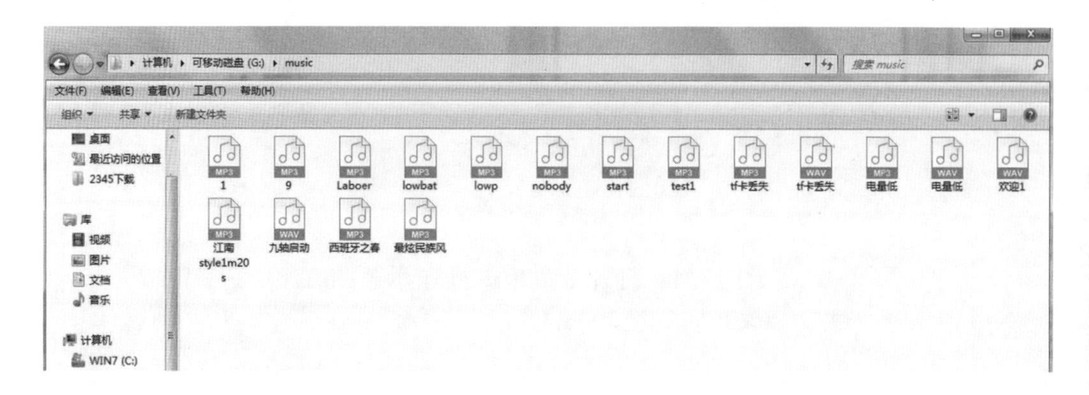

图 12.6　音乐库（music 文件夹）中可用的声音文件

操作 2　添加声音文件到音乐库

（1）接上面案例继续操作，用户可以从其他的存储空间拷贝或者剪切声音文件。

（2）返回打开的 music 文件夹，执行“粘贴”操作，将拷贝或者剪切的声音文件粘贴到 music 文件夹中。

（3）粘贴完成后，从系统中将 Aelos 机器人的存储卡“弹出”，即取消加载。

（4）按下 Aelos 机器人背后的“复位”按钮重启 Aelos 机器人，再使用正确的串口进行连接。

（5）参考第 12.1.1 节中的操作，在“音乐列表”对话框中看到新增的声音文件，说明操作成功。将新增的声音文件附加到动作模块中，即可测试效果。

注意：在使用“U 盘模式”时，最好先对 Aelos 机器人存储卡中的所有文件夹和文件进行备份，以便在失误操作后恢复到出厂状态。

另外，任何电子产品都有其不稳定的一面，接触不良，静电击穿都可能造成存储卡损坏，因此即使不需要对存储卡进行读写操作，最好也对存储卡的内容进行一下备份。

用户可能会遇到这种情况，在计算机上能正确播放的声音文件，附加给动作指令后，Aelos 机器人无法进行播放，即使将声音文件拷贝粘贴到存储卡的 mucic 文件夹中。

这是因为计算机的数据处理能力远强于单片机，所以计算机中声音播放器一般支持多种声音格式，如 WAV 格式、MP3 格式、WMA 格式、APE 格式、FLAC 格式等十余种格式。而机器人使用的单片机处理数据的能力相对弱一些，因此一般仅支持一种声音格式，当前最主流的声音格式就是 MP3 格式了，所以 Aelos 机器人只能播放 MP3 格式的声音文件，其他格式的声音文件必须转换成 MP3 格式才能被使用。

【练习】在动作指令上附加不同的声音。

第 13 章　音频文件编辑入门

课程目标：认识可选择使用的音频编辑软件，学习初级编辑操作，格式修改。

我们在上一章学习了如何为动作附加声音，以及声音（亦称为音频）的有关概念，并了解了 Aelos 机器人主要支持的音频格式是 MP3 格式。本章将以 MP3 格式的音频文件为素材，学习如何对音频文件进行编辑，以创造出适合 Aelos 机器人使用的声音文件。

13.1　音频编辑软件

常用的音频编辑软件有 Cool Edit、GoldWave、Nero Wave Editor 等，这些软件都可以用于声音的录制、编辑以及格式的转换。其中 GoldWave 是一款功能强大，简单易学的音频编辑软件，本章将重点讲解该软件的使用。

如果用户擅长使用其他的音频编辑软件，也可以跳过本章的学习。GoldWave 软件可以通过腾讯公司的电脑管家中的软件管理获取，建议安装绿色中文版。

13.1.1　软件使用入门

启动 GoldWave 软件，界面由菜单栏、工具栏、控制器等窗口组成，如图 13.1 所示。

菜单栏：含有“文件”“编辑”“效果”等选项，每个菜单项下提供了各自细分的菜单命令。

工具栏：是一些常用菜单命令的快捷方式，方便大家操作，第一行是对文件的工具按钮，第三行是对音频进行技术处理的工具按钮。

音频波形区：用于展现当前被编辑的音频文件的波形。如果当前没有正在被编辑的音频文件，将呈现为灰色。

控制器：控制声音的播放形式，设置播放参数以及录音的监控和调整。

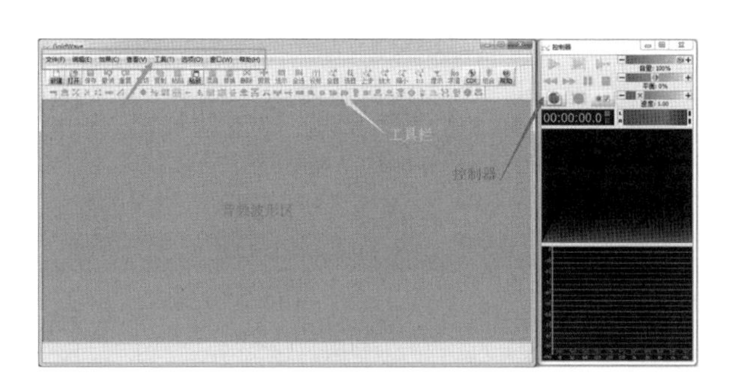

图 13.1　GoldWave 软件界面

操作 1　新建文件

（1）点击菜单栏中的“文件”–“新建”命令，或者点击工具栏中的第一个按钮，打开如图 13.2 所示的对话框。

图 13.2　“新建声音”对话框

（2）对声道数、采样频率等参数进行适当的设置，参数项的具体含义参看第14.2.1节中的讲解。也可以直接在“预置”中选择系统设定好的参数。

注意：设置音质和时间的长度，很重要！音质越高，时间越长，文件就会越大，编辑处理时消耗的计算机资源越多，用时也会越长！

（3）点击“确定”按钮，将按照参数项的设置创建空白的音频文件，同时在音频波形区显示空白波形窗口。

操作2　打开文件

（1）点击菜单栏中的“文件”—“打开”命令，或者点击工具栏中的第二个按钮，系统将弹出“打开声音文件”对话框，如图13.3所示。

图13.3　“打开声音文件”对话框

（2）在该对话框中任意选择一个音频文件，例如可以打开Aelos机器人存储卡music文件夹中的音频文件（需要在教育版软件中连接Aelos机器人，再选择“U盘模式”）。

打开文件后，音频波形区窗口中将出现彩色的声波图，两种颜色表示是两个声道的立体声文件，绿色代表左声道，红色代表右声道，如图13.4所示。

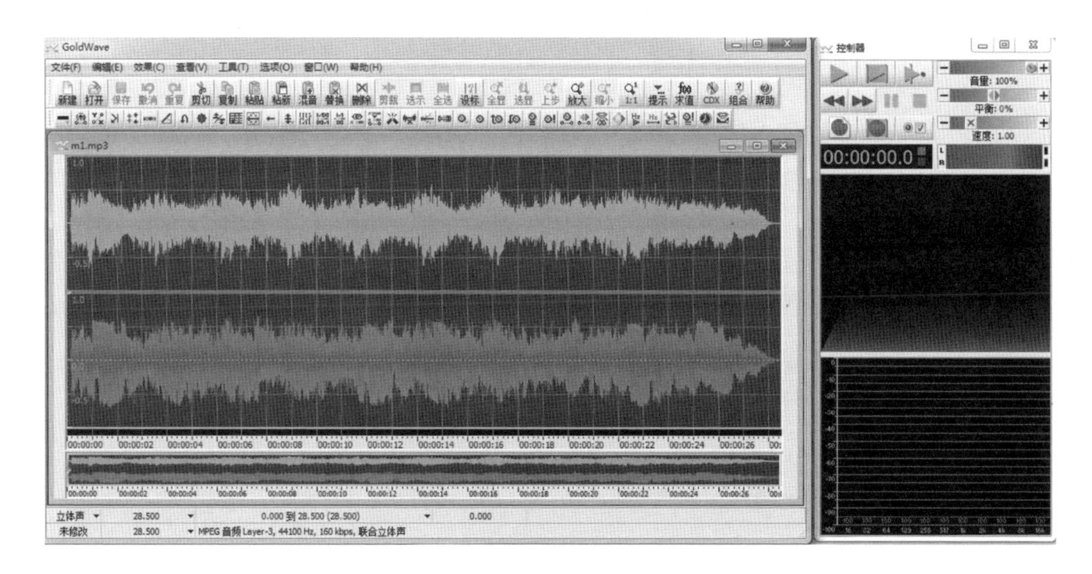

图 13.4　打开音频文件后的波形区

在波形显示区域的下方有一个指示音频文件时间长度的标尺，以秒为单位，用于掌握音频段的时间长度，在编辑操作中可以参照标尺进行音频的选择和处理。

（3）可以拖动横向滚动条切换显示的区域，也可以改变时间标尺的显示比例，以更长的时长单位标准进行显示，比如从 1 秒切换成 5 秒，甚至 10 秒。这样，即使音频文件时长很长，也可以切换显示的波形区域，甚至显示在一屏中。

操作 3　保存音频文件

（1）点击菜单栏中的“文件”—“保存”命令，或点击工具栏中的 保存 按钮，如果是已经被保存过的文件，则沿用之前的文件设定直接保存，无任何对话框弹出。如果是新建文件，从未被保存过，将弹出“保存声音为”对话框，如图 13.5 所示。

（2）在打开的“保存声音为”对话框中可以设定文件名和保存类型。

（3）在“音质”项中设定声音文件的品质，设定项目为：压缩比、采样精度、采样频率。频率越高，文件越大；反之，频率越小，文件就越小。

注意：保存当前修改过的音频文件，原文件将被覆盖，不可恢复，请谨慎使用。

图 13.5　“保存声音为”对话框

为了便于在不同设备上播放声音文件，建议将声音文件保存为 WAV、MP3、RA 三种常见格式之一。文件的保存类型在一定程度上会限制音质，可以根据文件的用途选择适当的保存类型。通常 MP3 的质量和文件大小是比较适合 Aelos 机器人使用的，RA 可用于网上广播，WAV 用于对音频要求比较高的领域，比如演唱会伴奏。

有时，用户获取到的声音文件并不一定能够直接在 Aelos 机器人或者其他设备上播放，此时可以进行格式的适当转换，以适应播放器的需求。

操作 4　声音文件格式转换

（1）在 GoldWave 中打开要转换格式的音频文件。

（2）选择菜单栏中的“文件”—“另存为”命令，调出“保存声音为”对话框，如图 13.5 所示。

（3）在打开的“保存声音为”对话框中，在“保存类型”中选择预转换成的文件类型，有关文件类型的说明参看第 14.2.2 节中的讲解。确定保存类型后，可以在“音质”项中就选定的文件类型进行音质设置。

（4）设置完相关参数后，点击“保存”按钮，软件将按照参数重新生成和保存声音文件。

注意：音质高的声音文件可以转换成音质需求低的文件，音质低的文件即使生硬地转换成音质参数高的文件，除了“徒劳”增加文件体积外，音质质量是不会有提升的。

以下几种格式的音质几乎是等效的：128 kb/s 的 MP3 格式，92 kb/s 的 AAC 格式，64 kb/s 的 WMA 格式。

下面提供一些转换格式的建议用户可以参照执行：

（1）如果是用正版 CD 刻录下来的，条件允许，最好存为 APE 无损压缩格式。

（2）转换格式只能使音质变差，不能使音质变高。虽然格式转换器一般都支持由低码率向高码率转换，但这是无济于事的。即使转换后的码率再高，也不可能将其音质提高。因为有损压缩是不可逆的。转换为高码率之后文件会变大，这是因为产生了大量冗余信息！

（3）如果不是“发烧级”的音质爱好者，请不要盲目追求 320 kb/s 的 MP3 高音质，其实与 192 kb/s 的 MP3 文件比较，未必能听出哪一个更好。

（4）WMA 格式只有一个最适合码率，即 64 kb/s，如果计算机里有超过 64kbps 的 WMA 格式音乐，仅代表文件冗余信息过多。

13.1.2　控制器简介

用户在打开音频文件后，软件右边控制器中的按钮将切换为高亮状态，表示可以使用。控制器如图 13.6 所示。控制器中各按钮具体功能讲解如下。

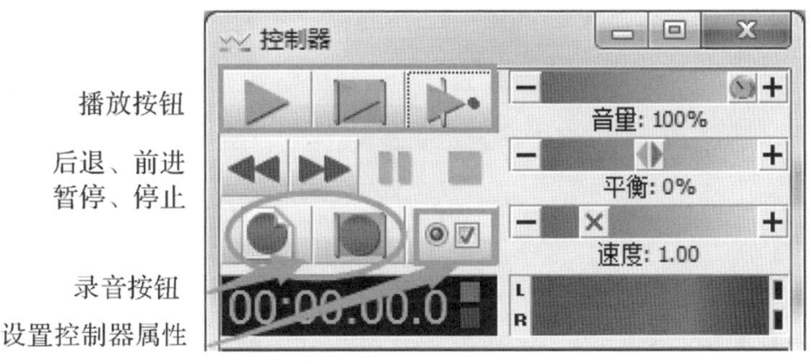

图 13.6　控制器

用于将整个音频从头到尾播放；

用于播放选定区域内的音频，也就是说选区外灰色的部分不会被播放；

用于断点续播，即从上次暂停的位置继续播放，不论断点是否在选区内；

用于向后快速播放，也就是倒退播放；

用于向前快速播放，也就是快进播放；

用于暂停播放，也可以用空格键暂停；

用于创建一个文件并开始录音；

用于在当前选区内开始录音；

“设置控制器属性”按钮。点击此按钮打开“控制属性”对话框，如图 13.7 所示。在该对话框中可以自定义控制器的一些按钮功能，以更符合个人的工作习惯。例如，常用的三个播放按钮，默认第一个是全部播放，第二个是选区播放，第三个是从光标到结尾播放，用户可以根据自己的习惯重新设置。

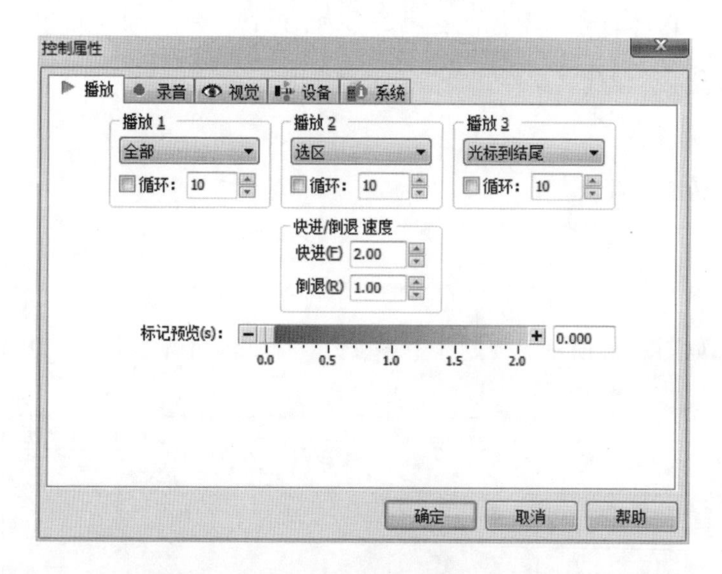

图 13.7　控制器的“控制属性”对话框

点击绿色的播放按钮，音频波形区窗口中将出现一条竖线，用于表示当前播放的位置。控制器里将显示当前播放点的音质强度，精确的播放时间以及左、右声道的音量等信息。

本节学习了 GoldWave 的基础使用知识，GoldWave 界面如图 13.8 所示。要掌握好一个软件就要多加练习，不过在做各种练习之前，最好对原始的声音文件进行备份，这样在误操作后还可以还原回来。

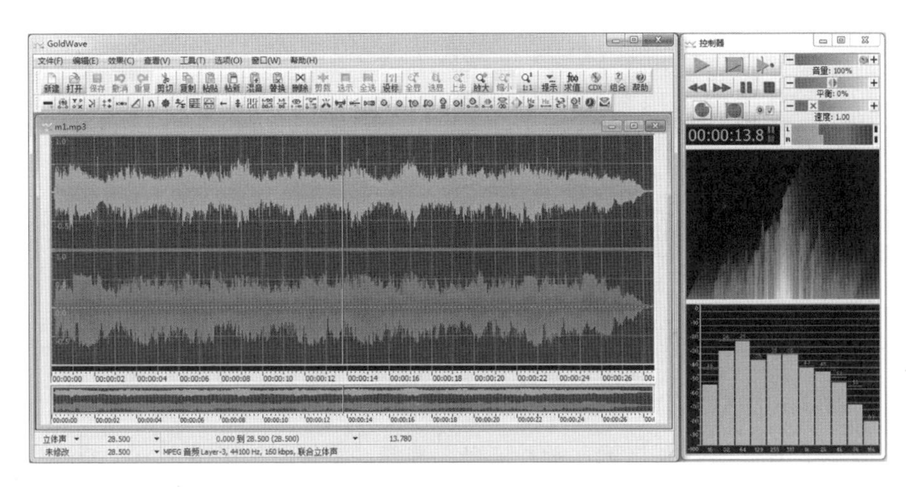

图 13.8　GoldWave 界面

下一节将学习音频波形区中常用的一些编辑方法，会直接修改声音文件内容，因此再次提醒用户，注意备份原始声音文件。

13.2　音频波形区编辑方法

13.2.1　波形区基本编辑方法

在 GoldWave 中所进行的操作都是针对选中的声音波形区域，所以在进行编辑处理之前，首先要选择需要的声音波形区段。有两种方法进行选择。

一、选择波形区段方法一

（1）在波形图上适当处点击确定所选波形区段的开始点。

（2）在波形图上右击，在下拉菜单中选择“设置结束标记”，确定波形区段的结束点如图 13.9 所示。

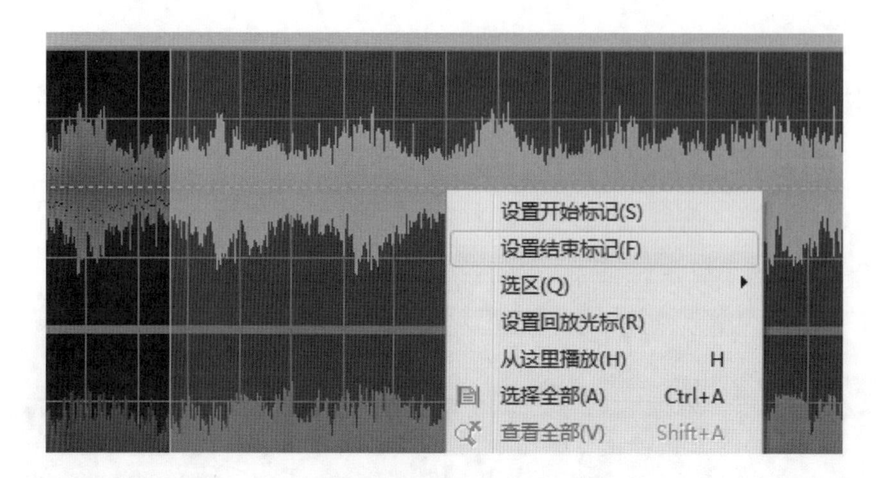

图 13.9　右键快捷菜单

二、选择波形区段方法二

（1）在起始位置按住鼠标左键并拖曳，选择一定长度的区段。

（2）拖动选中的左、右边缘，可以微调选中的波形区段。

被选中的波形区段以高亮的蓝色底显示，未选中的波形区段以黑色底显示，如图 15.10 所示。正确选择波形区段后，即可以对选中波形区段进行相关的编辑操作。

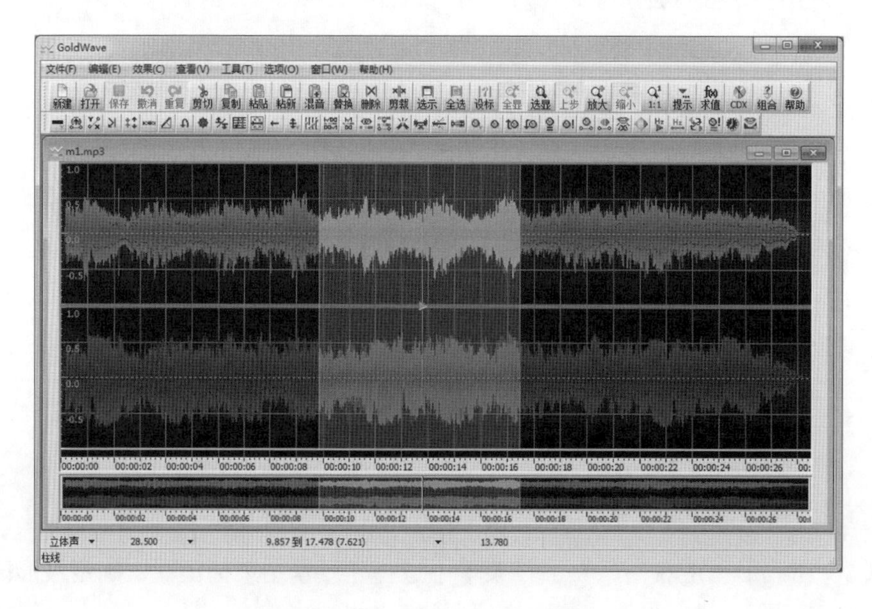

图 13.10　选择波形区段

注意：如果音频文件的时间较长，导致显示的波形过于密集，可以点击工具栏中的放大或缩小按钮 来控制单位区间内显示的时长。越放大，单位区间内显示的时长越小，显示的音频内容越精细，选择起来越精确。如果一屏不能完整地显示，可以拖动下方的滚动条调整显示的区域。

三、编辑选中的波形区段

（1）剪切：选择“编辑”—“剪切”菜单命令，可以将当前选择的波形区段剪切掉，后面的声音区段会自动向前填充剪掉的区段时长。被剪切掉的波形区段可以被粘贴到其他位置或者生成一个新的声音文件。剪切操作还可以使用快捷键“Ctrl+X”或工具栏中的 按钮。

（2）复制：选择“编辑”—“复制”菜单命令，可以在保留当前选择的波形区段的基础上，复制一段完全一样的波形区段到内存中，然后可以将其粘贴到其他位置，或者用于创建一个新的声音文件。复制操作还可以使用快捷键“Ctrl+C”或工具栏中的 按钮。

（3）删除：选择“编辑”—“删除”菜单命令，将直接把选择的波形区段删除，而不是保留在剪贴板中另作他用。删除操作还可以使用快捷键“Delete”或工具栏中的 按钮。

（4）剪裁：选择“编辑”—“剪裁”菜单命令，把未被选中的波形区段删除，选中的声音区段将被保留，且自动放大显示。剪裁操作还可以使用快捷键“Ctrl+T”或工具栏中的 按钮。

（5）粘贴：有 4 种不同的方式，分别为“粘贴”“粘新”“混音”和“替换”，如图 13.11 所示。

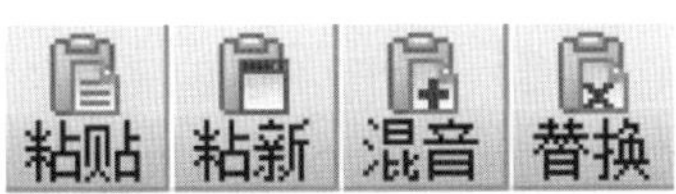

图 13.11　4 种粘贴方式

粘贴：选择“编辑”—“粘贴”菜单命令，将复制或剪切的波形区段从选定插入点插入，等于加入一段波形区段，插入点之后的波形区段自动顺延。也可以使用快捷键“Ctrl+V”或工具栏中的 按钮。

粘新：选择“编辑”—“粘贴为新文件”菜单命令，将复制或剪切的波形区段粘贴到自动创建的新文件中，新建文件的时长与被粘贴的波形区段时长相同。也可以使用快捷键“Ctrl+P”或工具栏中的 按钮。

混音：选择“编辑”—“混音”菜单命令，将复制或剪切的波形区段从插入点开始，与相同时长的波形区段进行混音，可以创造出一些特殊效果。也可以使用快捷键“Ctrl+M”或工具栏中的 按钮。

替换：选择“混音”—“替换”菜单命令，功能跟混音比较接近，是用复制或剪切的波形区段替换掉由插入点开始的相同时长的波形区段。也可以使用快捷键“Ctrl+R”或工具栏中的 按钮。

注意：对声音文件选中波形区段进行“复制”—“粘新”操作后，选中波形区段将自动生成一个新文件，且波形放大显示。如图 13.12 所示，m1.mp3 文件中选择一段波形，复制并粘新，生成新文件“无标题 1.mp3”。

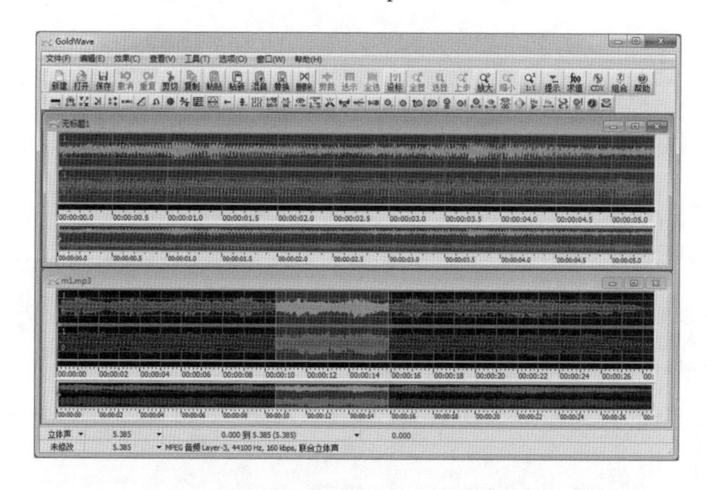

图 13.12　执行“粘新”操作

（6）撤销：选择“编辑”—“撤销”菜单命令，可以及时退回上一步的操作，可重复使用退回前几步的操作。也可以使用快捷键“Ctrl+Z”或工具栏中的 按钮。

（7）重复：选择“编辑”—“重复”菜单命令，可以恢复上一步的操作，此功能与撤销功能正好相反。也可以使用快捷键“Ctrl+Y”或工具栏中的 按钮。

四、插入空白声音区段

在指定的位置插入一定时间的空白声音区段是音频编辑中常用的一种形成间隔的操作手法，可以实现声音的停顿、段落的间隔，经过这样处理，可以使声音更好地与 Aelos 机器人的动作相对应。

（1）选择菜单栏中的“编辑”—“插入静音”命令，将弹出“插入静音”对话框，如图 13.13 所示。

图 13.13　“插入静音”对话框

（2）在弹出的对话框中，“静音持续时间”可以从右侧下拉式列表框中选择，也可直接输入空白声音区段的时长。注意输入框中时长的格式。

时长按 HH:MM:SS.T 的格式进行设置，前面的 HH 表示小时数，中间的 MM 表示分钟数，后面的 SS 表示秒数，以冒号为分界。如果没有冒号的数字就表示秒；有一个冒号，前面为分钟，后面为秒；有两个冒号，最前面为小时。如长度为“1:00”就表示 1 分钟，不足 1 秒的时间可输入 0.x。插入 1 分钟静音的设置如图 13.14 所示。

图 13.14　插入 1 分钟静音

（3）点击“确定”按钮，即可在插入点插入一段空白声音区段。插入点就是波形区域中竖线所在的位置。插入 1 分钟的空白声音段如图 13.15 所示。

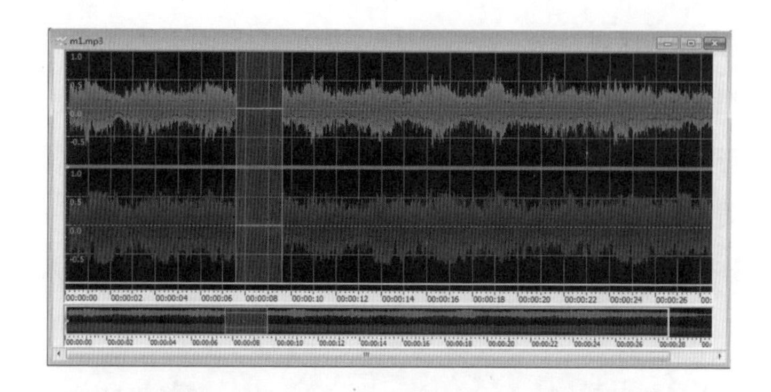

图 13.15　插入 1 分钟的空白声音段

13. 2. 2　音频波形特效处理

除了上面讲解的对音频波形区内选中区段做基本编辑操作外，还可以对全部的，或者选中部分的声音区段做特效处理，如提高音速、改变音调等。经过特效处理的声音，往往能产生出其不意的听觉体验效果，可以更好地烘托气氛。

音量调整在声音编辑中是很重要的一项功能，一般作为背景音乐用的声音文件音量要小，配合动作用的舞蹈音乐音量要大，以更好地烘托氛围。接下来就来学习如何调整音量。

操作 1　调整音量

（1）在 GoldWave 中打开需要处理的音频文件，选择需要调整音量的波形区段。

（2）选择菜单栏中的“效果”–“音量”–“更改音量”命令，或点击工具栏中的按钮，在打开的“更改音量”对话框中拖动滑块调节音量大小，如图 13.16 所示。

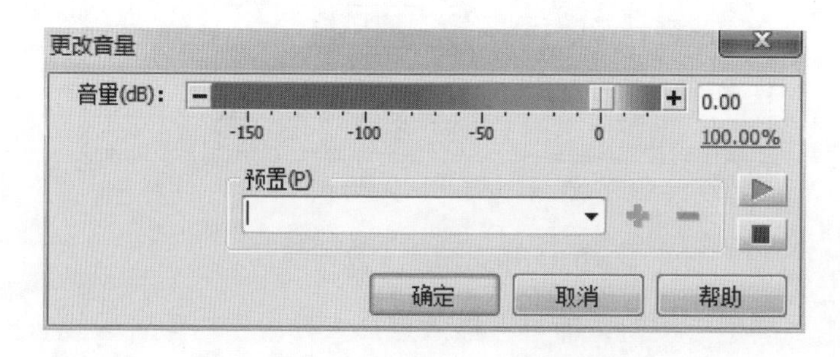

图 13.16　“更改音量”对话框

（3）调节后可以先点击绿色三角形播放按钮进行试听，如果不合适可再次调节。点击“确定”按钮，音量才正式改变。点击“取消”按钮，放弃改变，保持原有音量。

用鼠标拖动滑块向左拖动（即拖向绿色区间）可以减小音量，向右拖动（即拖向红色区间）可以增大音量。

在拖动滑块时，右边信息框中的数值也在随之改变，显示出音量改变的数值，单位是分贝（一种音量单位）。也可以直接在右边信息框中输入数字，如要让声音减少 2 分贝，就在框中输入“–2”。如果想精细调节，也可用鼠标点击滑块两端的 ✚ 和 ▬，滑块会一点一点地被移动。

注意：这里的分贝不是绝对声强，是相对分贝值，也就是基于原数据上的变化数值。

GoldWave 可以把声音的音调降低或者升高，较低的音调比较低沉浑厚，较高的音调比较尖锐高亢，用户可以想象一下不同音调的适用场景，一般美国大片都很注重音调。

操作 2　降调升调

（1）在 GoldWave 中打开需要处理的音频文件，选择菜单栏中的“效果”—“音调”命令。

（2）在出现的“音调”对话框（见图 13.17）中，选中上边的“半音”，向左边拖动滑块，或者点击减号按钮，或者在右边信息框中直接输入负值，如输入“–4”，即可进行降调处理；反之为升调操作。注意要勾选下边的“保持速度”，否则处理过的声音会延长失真。

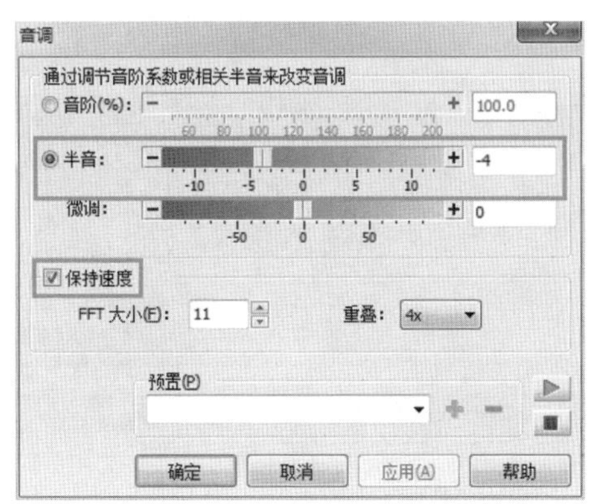

图 13.17　“音调”对话框

（3）可以先点击绿色三角形播放按钮进行试听，如果不合适可再次调节。

（4）点击“确定”按钮开始处理。处理时间的长短与声音文件的时长和品质有直接关系。

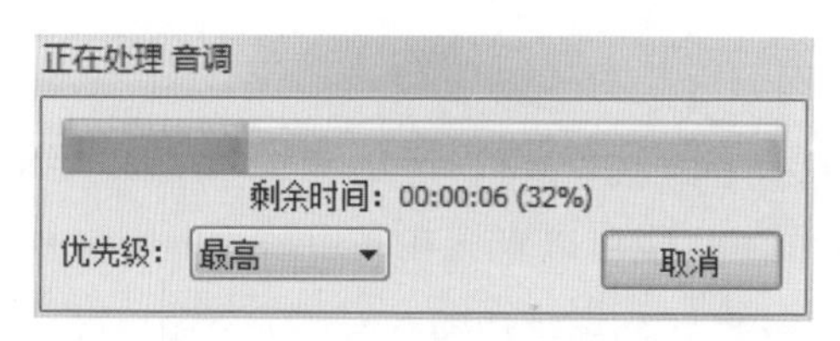

图 13.18　音调处理

（5）处理完成后，波形区域中显示的波形会有变化，如图 13.19 所示。点击控制器中的播放按钮可以进行播放。

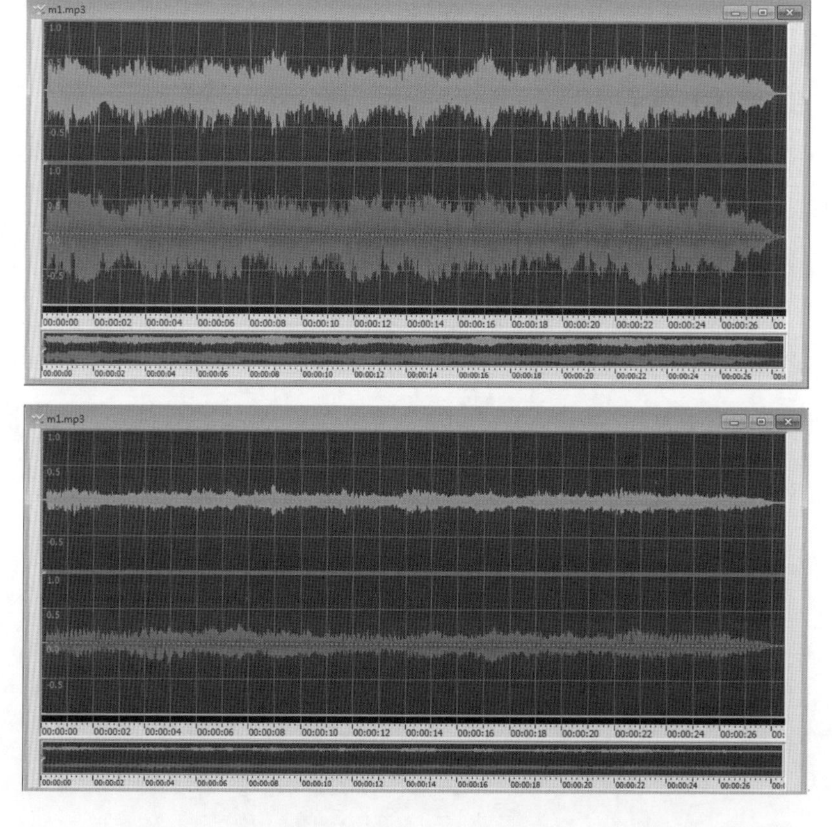

图 13.19　降调前、后波形对比（上图为原始波形，下图为降调后波形）

（6）如果不想覆盖原始的声音文件，建议选择“文件”—“另存为”命令进行保存。

淡入淡出也是一种常用声音文件处理手法，就是对选中的声音区段的开始和结尾处的音量进行调整。经过这样处理的声音文件，在开始和结束时就不会显得突兀。

操作 3　淡入淡出

（1）在 GoldWave 中打开需要处理的声音文件，选择需要做淡入或淡出操作的波形区段。

（2）选择菜单栏中的“效果”—“音量”—“淡入”或“效果”—“音量”—“淡出”命令，在相应的对话框中进行设置。可以根据需要的变化效果在“渐变曲线”中选择“对数型”或“直线型”，也可以调整初始音量大小或者直接采用预置的效果，如图 13.20 所示。

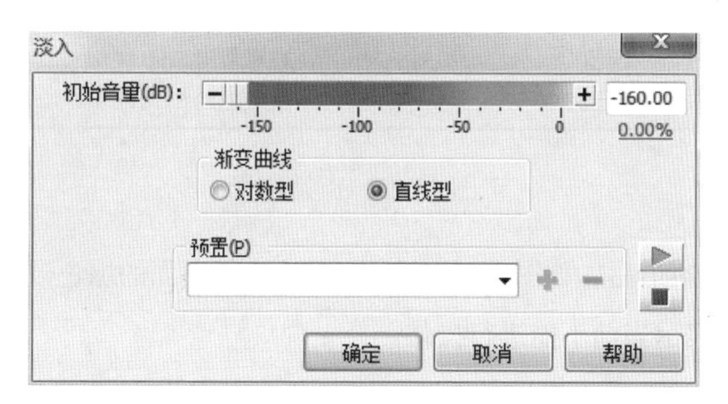

图 13.20　“淡入”对话框

（3）淡出操作可以参看淡入操作，操作界面如图 13.21 所示。

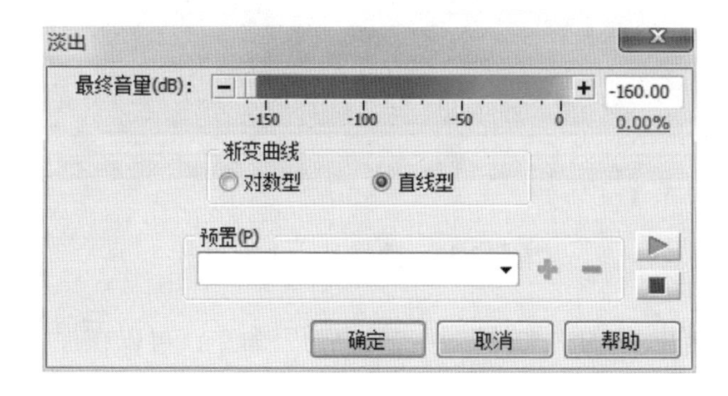

图 13.21　“淡出”对话框

注意：淡入淡出的部分越长，效果越柔和。如果需要一段音乐的开始或结束更加得明显、激烈，可以对这部分扩大音量，但要在合理范围之内，否则会使得音频中噪音过大。

听到一首好听的歌曲，想作为伴奏带使用，但是又有真人原唱，怎么办？如果这首歌曲是立体声的，某个声道为乐曲，另一个声道为真人原唱，那么可以把两个声道进行分离，将每一个声道单独保存，这样就可以作为伴奏带使用了。

操作 4　声道分离

（1）在 GoldWave 中打开一个音频文件，选择菜单栏的“编辑” — “声道”命令，或点击页面左下方的 立体声 ▾ 下拉列表，点击右边的箭头选择声道，如图 13.22 所示。

声道(H) ▸	● 左声道(L) Shift+Ctrl+L
标记(K) ▸	右声道(R) Shift+Ctrl+R
提示点(O) ▸	双声道(B) Shift+Ctrl+B

图 13.22　声道选择

（2）选择左声道后，如图 13.23 所示，只选中了上面的绿色波形，下面的红色波形显示为灰色，表示当前不能进行操作。

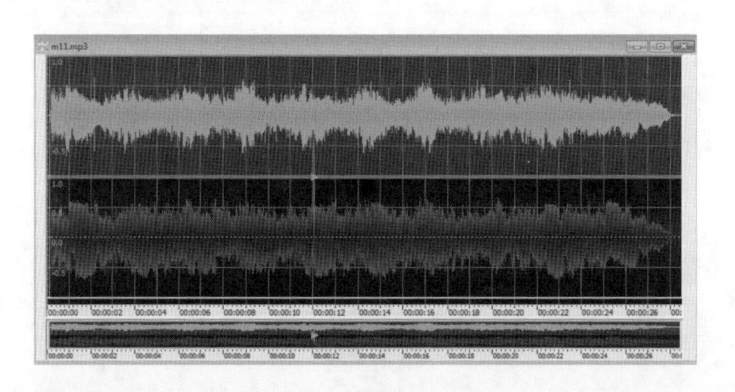

图 13.23　选择某一个声道

（3）选择菜单栏中的“文件” — “另存为”命令，可以在保留原始文件的情况下单独将某个声道中的数据保存成声音文件。

【练习】

练习 1

（1）打开一个音频文件，记录音乐的长度。

（2）播放一下音频文件，在 10.6s 处暂停音乐，然后继续播放。

（3）保存修改过的音频文件。

（4）将修改过的文件转存其他格式。

练习 2

（1）准备 3 个音频文件。

（2）点击菜单栏中的 打开 按钮，打开准备好的音频文件。

（3）从第 2 个文件中剪切一段波形，粘贴到第 1 个文件。

（4）从第 3 个文件中复制一段波形，粘贴到第 1 个文件。

（5）选取第 1 个文件中不需要的波形，将其删除。

（6）选取第 1 个文件中一段波形，调整音量。

（7）将文件 1 开始做淡入，结尾做淡出的处理。

（8）播放调整过的文件 1，体验音乐串烧的感觉。

（9）剪辑一段波形保存到手机，作为手机铃声使用。

（10）将文件 1 分别用左声道、右声道、立体声单独保存，感受效果的不同。

第 14 章　动作设计进阶

课程目标：了解动作设计比赛的常用规则，设计出难度较大的动作指令。

通过前面的学习，相信大家已经对简单的机器人动作指令设计了如指掌了。国内外的一些学者通过设置机器人比赛来促进机器人事业的发展，提升大家对机器人的关注和研发力度。所以在国内外顶级的机器人比赛中，能够在比赛中脱颖而出的都是国际上顶尖的机器人。当然，个人的实力也是十分重要的，在比赛中将会考验参赛者的心理素质、随机应变能力、处理问题能力、逻辑思维能力以及对全局的把控能力等。在国际性比赛中，机器人动作的难度是很大的，也是参赛者是否能够随心所欲驾驭机器人的能力体现。这一章将从动作难度上入手，让初学者能够掌握高难度动作的设计要领，初步具备高难度动作的调试能力。

首先了解一下国内外知名的机器人比赛，对机器人比赛有一个大概的了解。

14.1　机器人赛事和规则介绍

14.1.1　重要机器人赛事

一、RoboCup 机器人

RoboCup 的中文名为机器人世界杯，重点发展的是足球机器人项目。这项赛事源于 1992 年，加拿大哥伦比亚大学的教授 Alan Mackworth 提出训练机器人进行足球比赛的设想。同年 10 月，日本研究人员对制造和训练机器人进行足球比赛以促进相关领域研究进行了探讨，并草拟了规则和模拟系统的开发原型。1993 年 6 月，部分日本研究者决定创办机器人比赛，命名为 RoboCup　J 联赛。随后得到国际研究者的响应，并扩展成国际性项目，改名为机器人世界杯，简称为 RoboCup。1997 年 8 月，第一次正式的 RoboCup 比赛和会议在日本的名古屋与 IJCAI–97 联合举行，比赛设立机器人组和仿真组两个组别，参赛国家为 4 个。这项赛事发展到今天已经有了长足的进步，比赛分为五个组别，每年有 40 多个国家和地区的人员参赛，参赛人数达到了 2500 多人，它对促进足球机器人的发展起到了至关重要的促进作用。

二、机器人灭火比赛

智能机器人灭火比赛最早是由美国三一学院杰克・门德尔逊等一批国际著名机器人学家发起创办的，比赛要求参赛机器人按照预先编排好的程序，通过传感器和超声波等探测设备对周围环境进行模拟分析搜索，在“房间”里用最快的速度找到代表火源的蜡烛并将其扑灭，谁用时最短谁就获胜。其目的是促进应用型机器人的发展和普及，加快研究人员对智能机器人在火灾中灭火功能的研究和使用。如今，灭火比赛已发展成为世界上最为普及、最具影响力的智能机器人赛事之一。图 14.1 为机器人灭火比赛现场照片。

图 14.1　机器人灭火比赛

三、国际奥林匹克机器人大赛

国际机器人奥林匹克大赛（International Robot Olympiad，简称 IRO），分为竞赛类与创意类两种，自 1999 年起到 2001 年，已经分别在日本、韩国、中国香港成功举办了三次赛事。由于 2001 年中国学生在国际机器人奥林匹克大赛上的出色表现，2002 年国际机器人奥林匹克竞赛在中国的首都北京举办。赛事的目的是培养中小学生的科学技术能力和科技创造意识，让学生能够更好地适应 21 世纪的科学技术发展的趋势。

图 14.2 机器人举重比赛

四、FLL 机器人世锦赛

FLL 机器人世锦赛于 1998 年由美国非营利组织 FIRST 发起， 目前参加该比赛的有 10 多个国家（英国、法国、德国、北欧 5 个国家、新加坡、韩国、中国）及美国的 46 个州，是世界上影响最大的一项机器人赛事。

该比赛每年围绕一个活动主题展开，竞赛内容包括主题研究和机器人挑战 2 个项目，参赛队可以有 8 ~ 10 周的时间准备比赛。这项赛事的比赛项目每年都在变，每年九月份，由教育专家及科学家们精心设计的 FLL 挑战内容将通过网络的方式，全球同步公布。从比赛开展以来，FLL 已经对学生和学校产生了积极的影响。2010 年是 FLL 比赛的第 11 个年头，迎来了规模最大的赛季，全世界有超过 90000 名孩子参与了选拔赛和冠军锦标赛。孩子们通过这项赛事很好地培养了团队意识，并且正确认识了比赛的意义，重视比赛中的收获和过程，锻炼了解决问题的能力。

五、国际仿人机器人奥林匹克竞赛

国际仿人机器人奥林匹克竞赛（International Humanoid Robot Olympic Games，IHOG）是将小型仿人机器人当作运动员，借助人类奥林匹克竞赛规则进行的和人类奥林匹克并齐的另一类国际性竞技娱乐活动。它的近期目标是借助人类奥林匹克的魅力和挑战性来促进仿人机器人关键技术的研究和发展，而其长远的目标是将机器人奥林匹克技术水平超过人类奥林匹克水平，最终实现“无处不在”的机器人时代。

IHOG 比赛种类分为七大类 24 种，有田径类、舞蹈类、球类等。而这些比赛项目中包含的核心技术基本覆盖了未来仿人型服务机器人在家庭工作时所需的各种关键技术。随着机器人技术与智能控制技术的发展，将会出现更精彩、更实际的比赛项目；同时随着比赛经验的积累，提出的比赛规则也会进一步完善，最终其比赛规则水平达到人类奥林匹克比赛规则水平，也将为人类和机器人同时进行比赛打下基础。

图 14.3　IHOG 比赛中的机器人

接下来，将以 IHOG 比赛中考核动作难度的赛事为例，对其规则进行简单介绍，希望用户通过了解这些规则，对动作设计的难易程度有所把握。

14.1.2　IHOG 赛事规则简介

本节将以 IHOG 比赛中以动作难度为重点的赛事为例，简单讲解一下这些比赛项目中针对动作难度所设定的规则，具体每一项的赛事规则可以到组委会官网上去下载，有关对抗类比赛和舞蹈比赛的赛事规则说明参看第 15 章和第 16 章中的介绍，此处不展开讲述。

在 IHOG 比赛中，对动作难度要求最高的当属体操类比赛了，下面来具体了解一下体操类比赛项目中的赛事规则。

一、单杠比赛

单杠比赛项目主要考验机器人在单杠运动中完成旋转、弯腿、倒立等动作所需的运动规划能力及实时程序化的表演技术。

根据机器人需要完成指定的 5 种基本动作（直腿摇摆、弯腿摇摆、倒立、正向旋转、反向旋转）情况酌情打分（最多 60 分），根据完成动作优美度、连贯度、难度（如连续旋转 3 次以上）等酌情打分（最多 40 分）。

图 14.4　机器人单杠比赛

二、翻滚比赛

翻滚比赛项目主要考验机器人在地面上完成翻滚动作所需的运动规划能力及程序化的表演技术。

根据机器人完成指定的 2 种基本动作（前向翻滚、反向翻滚）的情况酌情打分（最多 60 分），根据完成其他动作的难度（如连续翻滚 10 次以上，直线前进）等酌情打分（最多 40 分）。

比赛中，机器人倒下去后不能再动则扣 20 分。

三、平衡木比赛

平衡木比赛主要考验机器人在狭窄空间中完成翻滚、倒立、劈叉等动作所需的运动规划能力及程序化的表演技术。

具体动作要求：

上坡：必须行走上坡，从地面行进至斜坡顶端。

翻滚：必须完成“站立—翻滚—站立”连续动作。

倒立：必须完成“站立—倒立—前翻—站立”连续动作，其中倒立时机器人的双腿应能分开与伸直。

劈叉：必须完成“站立—劈叉—站立”连续动作。

自选动作：必须完成“站立—自选动作—站立”连续动作。

下坡：必须完成“平台站立—斜坡停留—地面站立”连续动作，下坡方式不限。比赛动作流程如图 14.5 所示。

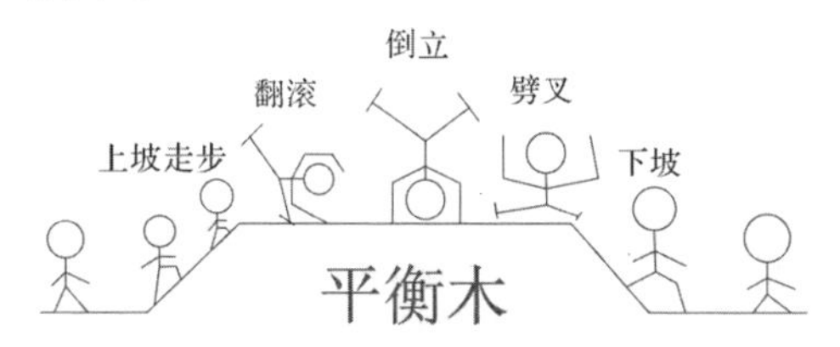

图 14.5　平衡木比赛

根据机器人所完成指定的 6 种动作情况酌情打分（最多 60 分），根据动作难度（如连续翻滚 2 次以上）等酌情打分（最多 40 分）。

比赛过程中，如果机器人从平衡木上跌落则扣 20 分。

四、广播体操比赛

这种比赛项目的主要意义在于考验机器人在广播体操中动作的舒展性、稳定性以及与音乐的配合能力，对于动作难度的要求不高。

根据机器人在比赛过程中的动作稳定度、舒展度、动作幅度到位度、动作与音乐配合程度，酌情打分（最多 40 分）。

如果比赛过程中机器人倒下，则每次每个机器人扣 20 分。

14.2　动作难度设计进阶

以上了解 IHOG 赛事的一些规则，总结一下就是：稳定“压倒”一切，难度再大，

“抗不住”倒地。所以用户在追求动作难度时，要把机器人的稳定性放在首位。接下来就通过两个案例来提升设计动作的难度。

14. 2. 1　白鹤亮翅动作设计

这一小节，作为高难度动作设计的基础入门，将动手设计一个中等难度的动作——白鹤亮翅，这个动作最重要的一点就是保证重心顺畅过渡。

机器人在做动作时，要想顺利完成动作，重心转换是至关重要的。如果机器人重心过渡太突然或者动作过程中手臂等肢体的动作令机器人产生很大晃动的话，在执行动作过程中机器人就容易摔倒。前面几章动作的实现相对比较简单，就是因为机器人的重心没有太大的变化。

先构思白鹤亮翅动作，整套动作至少分为三步，即准备动作、亮翅动作和结束动作，而且这三部分不是独立的，而是有机地串联在一起的，每一部分都需要有衔接动作，做到平稳过渡。下面通过展示每一步的动作关键帧来看三个部分分别需要完成的动作，机器人的实际动作相信用户根据动作关键帧完全可以自行操作到位。

操作 1　准备动作

（1）转换重心如图 14.6 所示。

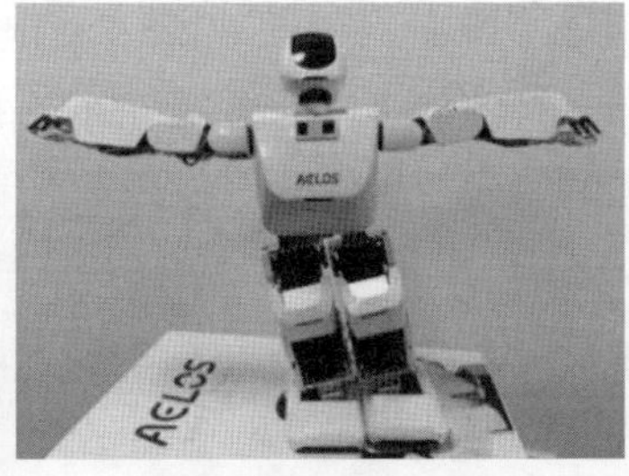

图 14.6　转换重心

从上面的图可以看出，在转换重心的时候机器人并没有一步到位，而是每次仅仅做一个很小的舵机数值改动，有的关键帧在过渡时仅仅调整了一个或者两个舵机的数据，保证机器人重心的平稳过渡。不难想到，过渡机器人重心是这个动作的起步，也是难度较大动作调试的重难点，所以在这个动作的调试上既要防止舵机在重心转换过程中达到极限位置，又要保证机器人在执行的时候可以顺利地完成重心过渡。可以想到在重心转移部分机器人速度不能太快，给出的参考速度值是 32，用户可以通过反复调试来测试出最快的并且最为稳定的执行速度。

（2）抬脚准备如图 14.7 所示。

图 14.7　抬脚准备

白鹤亮翅动作最具表现力的动作就是展翅部分，既然无法从转换重心过后的状态直接变成展翅的状态，那么就需要一些准备动作。在抬脚准备部分给出的动作关键帧都是一只脚离地，由一条腿单独支撑完成身体前倾动作。在调试的时候注意机器人 5 号舵机的状态变化，因为在身体前倾的过程中 5 号舵机负责机器人重心前、后的变化，在调整 5 号舵机的时候需要左腿做相应的配合，以保证机器人的重心不会变化太多。由于在重心转换的部分做了充足的准备，接下来的抬脚动作速度可以适当加快，给出的参考速度值是 35~40，可以根据实际情况来进行测试修改。

操作 2　亮翅动作

（1）手臂提升到极限位置。

亮翅动作想要做到好看，首先需要把机器人手臂抬到极限位置，然后挥舞手臂到最下方，使得机器人手臂活动范围达到最大值，这样才能最大地增加动作的观赏性。所以在亮翅动作的第一帧需要将手臂挥舞到最上方，展示出亮翅的力度，即如图 14.8 所示。

图 14.8　亮翅动作第 1 幅动作关键帧

（2）手臂降低到极限位置。

接下来的动作帧就是要衔接第 1 帧进行挥舞手臂的动作了，图 14.9 是亮翅动作第 2 帧的正视图和侧视图，供大家练习调试的时候参考。

亮翅动作其实并不长，但是想要达到观赏效果，可以试着从其他方面入手，比如多次执行亮翅动作，也就是增加一个 FOR 循环，多次循环亮翅动作的第 1 帧和第 2 帧。

此外，不难发现，亮翅动作其实仅仅动了两个舵机，而且重心没有转移。如果前期动作执行稳定，重心过渡良好的话，还可以多次复制粘贴第 1 帧和第 2 帧，然后对每一组亮翅动作设定不同的速度。速度数值从小到大，机器人在执行时手臂由慢到快，动作就很有层次感，很有观赏性。在亮翅的动作帧上，速度设定参考值为 32~58。这些数据需要反复测试，最终找到适合 Aelos 机器人的数据。

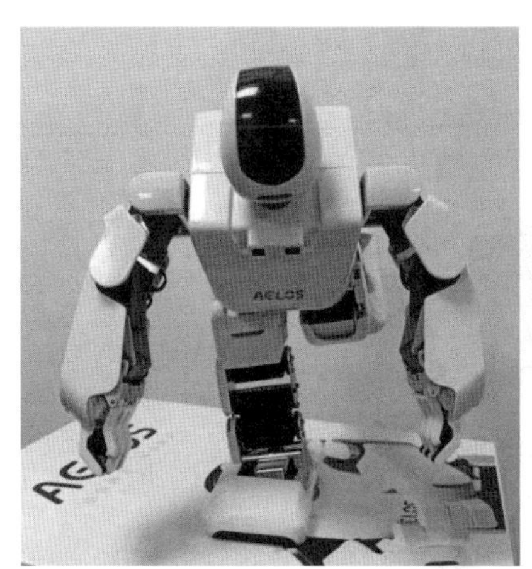

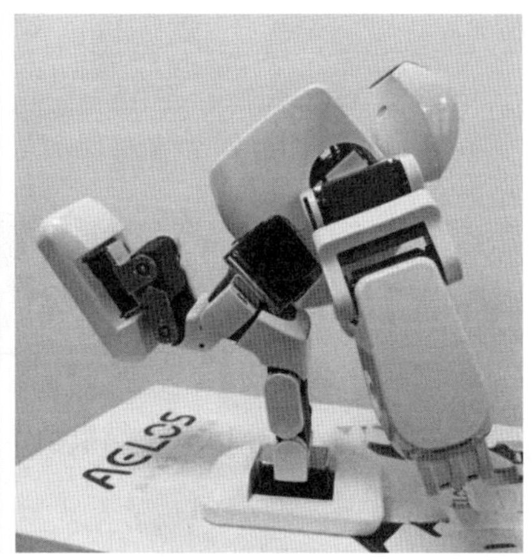

图 14.9　亮翅动作第 2 幅动作关键帧正视图和侧视图

特别需要注意的是，最开始机器人可以平稳过渡到亮翅状态，但是多次修改几个数据后机器人会在亮翅状态摔倒。这是因为机器人挥舞手臂时，手臂的摆动会与机器人身体产生共振，导致重心不稳定。用户可以通过反复修改，找到一个最适合机器人执行的动作速度。

操作 3　结束动作

（1）恢复到单脚站立

结束动作比较关键的是第 1 幅和第 2 幅动作关键帧，它是从手臂挥舞状态停止到一定位置时的动作。首先给出结束动作关键帧的第 1 帧和第 2 帧的动作图，如图 14.10 和图 14.11 所示。

图 14.10　结束动作第 1 幅动作关键帧

图 14.11　结束动作第 2 幅动作关键帧

从给出的结束动作参考图可以看出，这个结束动作基本上就是准备动作的倒序执行，即从单脚站立状态平稳地过渡到双脚站立状态。

参考图中对动作有细小的修改，用户可以按照图片给出的动作关键帧调试，也可以完全采用“准备动作倒序执行”的方式进行调试。

（2）恢复到标准站立状态。

最后给出剩余的结束动作关键帧。在给出的参考动作中，发现最终有两个站立代码，如果包括机器人执行完动作后自动恢复站立的话一共有三个站立代码，其实这个是有一定必要的。如果仅仅是调试一个单独的大鹏展翅动作的话，可以放一个站立动作，甚至可以不放站立动作，但是在参考动作中，大鹏展翅动作是要放在舞蹈中使用的，所以为了保证与舞蹈动作的其他代码有效平稳地衔接，多加入了两个站立动作，确保动作的稳定性，如图 14.12 所示。

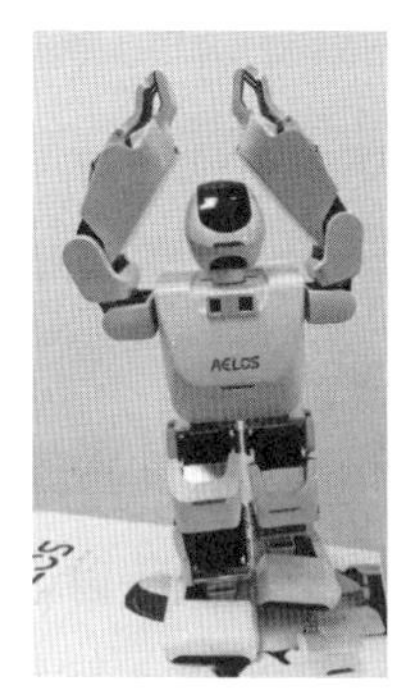

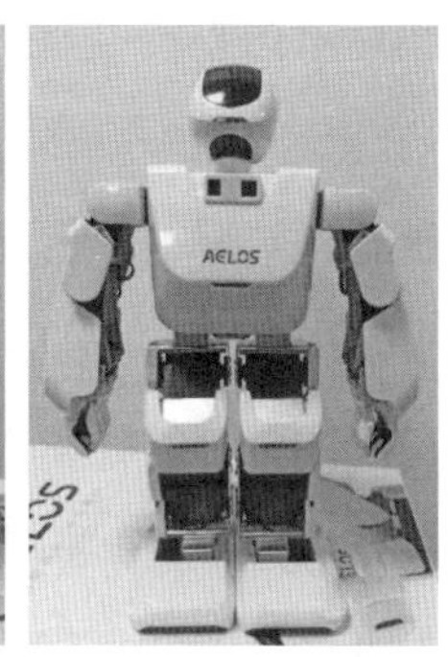

图 14.12　结束动作其余动作关键帧

在结束动作这部分，机器人执行速度可以适当地调整，这里不给出参考数据，用户可以按照之前摸索的规律自行设定速度。

在动作调试完成后需要整体测试，反复测试该动作指令是否存在 BUG，比如在调试过程中，单个动作之间默认的速度值是 30，而在实际展示当中则是按照所给定的参数来展示的，速度的不同会产生晃动，从而导致重心的不稳定。所以在测试的过程中，要仔细观察其中某个动作是否在实际运行当中存在隐患。除此之外，在反复测试中可能有新的想法或者有新动作的调试灵感，可以对其中不满意的动作或者新想到的动作进行修改和添加，达到“精雕细琢”的程度。

14.2.2　翻滚动作设计

翻滚分为前向翻滚、后向翻滚、左翻滚和右翻滚。设计翻滚动作时，需要注意的问题是其重心的变化以及支撑点的变化。前后翻滚相对容易实现一些，左右翻滚难度就极高了，不过经过前面知识的积累以及动手能力的锻炼，相信用户设计任何翻滚动作 都不在话下。

本例将完成一套后向翻滚动作的设计。后向翻滚动作操作时 Aelos 机器人能围绕躯体的中心点向后完成 360° 旋转，所以 Aelos 机器人重心变化比较大，其间还要多次切换支撑点，由双脚支撑切换为双手和头的支撑，然后再切换成双脚支撑。整套动作也可以分为三步：准备动作、翻滚动作和结束动作。下面就具体分析每一步中用到的动作关键帧，用户可以自行在 Aelos 机器人上实操。

操作 1　准备动作

（1）蜷腿下腰

要顺利地完成翻滚动作，就要想尽办法降低 Aelos 机器人的重心，因为重心越低，Aelos 机器人的稳定性越高，力矩越短，需要的翻转力就越小。所以，首先要使 Aelos 机器人的双腿蜷起，尽可能地降低 Aelos 机器人的重心。然后在控制 Aelos 机器人向后弯腰，俗称“下腰”，武术动作中称为“铁板桥”。效果如图 14.13 所示。

图 14.13　“下腰”动作

此时 Aelos 重心会随之向后移动，一旦超出双脚的支撑面，Aelos 机器人就会向后倒地。为了动作的美观和协调，更为了形成反转的支撑点，在下腰的过程中，需要控制 Aelos 机器人的手臂向后转动，使其准备接触平台形成支撑点。

（2）头手支撑。

在 Aelos 机器人重心即将超出双脚支撑面时，向后转动的双臂需要接触到平台，以形成新的支撑点，使重心重新回到支撑面中，再通过双臂的转动，使头部逐渐接触到平台，避免形成头部摔到平台的尴尬画面。效果如图 14.14 所示。

图 14.14　形成头手支撑

在双手和头部呈三角形接触平台后，就可以进行重心的转移，为下一步的翻滚动作打基础。要使 Aelos 机器人顺利地翻转，翻转力就一定要大于 Aelos 机器人重力值，因此，缩小力臂就可以降低翻转力的需求。为了缩小力臂，在翻转的起步阶段，需要腿部尽可能地保持蜷缩状态。这样，通过肩部两个舵机输出的力量就可以提供所需要的翻转力了。

操作 2　翻滚动作

（1）肩腿发力做翻转。

控制腿部保持蜷缩状态，此时重心位于两手和两脚形成的支撑面中。接下来就是难度最大的，动作失败率最高的一步——翻转。首先需要肩部的舵机发力，通过肩部舵机的扭转，使躯体重心升高，以头为支点倒立，双脚离开平台，将重心移至双臂与头部形成的三角形支撑面中。倒立状态如图 14.15 所示。

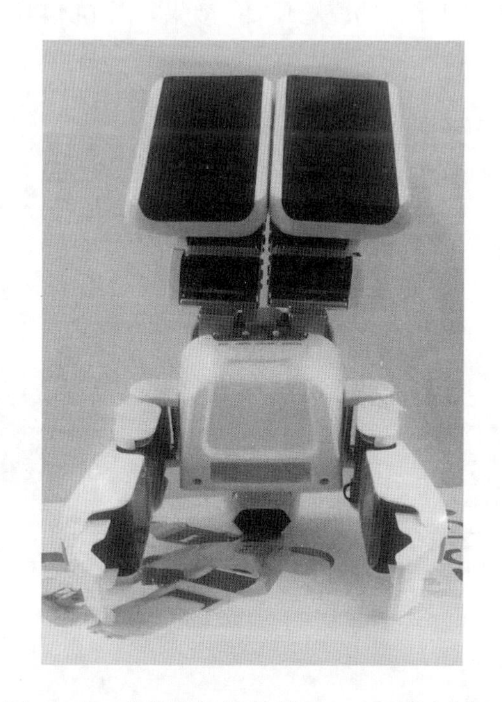

图 14.15　肩部舵机旋转使 Aelos 机器人倒立

此时为了控制力矩，双腿保持蜷缩直至躯体完全呈倒立状态。然后肩部舵机继续发力扭转躯体，同时双腿快速转动，离开背部转至 Aelos 机器人的身前。在这一步中，Aelos 机器人经常会因为失去重心而侧向摔倒，那整个翻转动作只能以失败告终了。

通过旋转双腿完成翻转，形成双脚着地的状态，如图 14.16 所示。

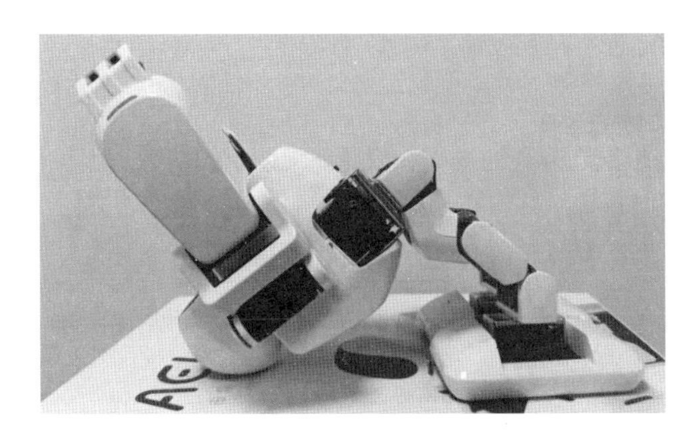

图 14.16　翻转后双脚着地

在翻转过程中，为了缩短翻转的时间，提高动作的灵活性和稳定性，需要手臂舵机和腿部舵机的完美配合，这样提供的翻转力才会大于重力，使得 Aelos 机器人能顺利地以头部为支点和圆心，完成翻转。

（2）伏地起身。

翻转后，需要调整手臂和腿部的姿态，为 Aelos 机器人重新站立做准备工作。首先双臂由反转翘起旋转到水平正向姿态，同时扭转胯部的舵机，降低胯部的高度，即降低 Aelos 机器人在这种姿势中的重心位置。调整后，Aelos 机器人以“五体投地”姿态平伏于平台，如图 14.17 所示。

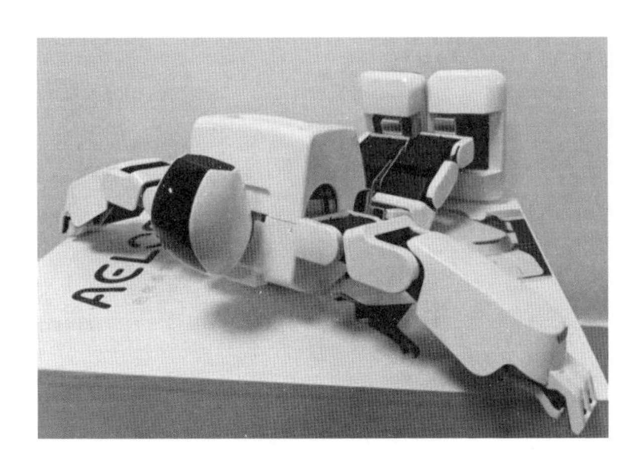

图 14.17　调整成平伏姿势

操作 3　结束动作

（1）蜷腿伸手。

起身的过程也是重心升高的过程，按照前面所学的知识，起身需要超过重力的支撑力才可以，所以，起身的过程需要手臂和腿部舵机联合发力。首先还是要蜷起双腿，减小力矩，降低重心，为手臂支撑起上半身减少阻力。此时，重心位于两手和两脚形成的支撑面中，随着手臂进一步向中间靠拢，躯体会逐步抬高，重心会逐步移至双脚的位置。起身的过程如图 14.18 所示。

图 14.18　手脚并用起身

一旦重心通过临界点，即重心完全移至双脚形成的支撑面中，Aelos 机器人完全可以靠双脚平稳站立了，手臂的支撑作用就可以告一段落了。

（2）腿部发力。

接下来就没有什么难度了，因为重心已经完全处于双脚的支撑面中，Aelos 机器人已经进入一种平稳的站立状态。剩下的工作就由腿部几个舵机联合发力，使 Aelos 机器人站直，双臂回归到正常位置，最终恢复到 Aelos 机器人标准站立状态，如图 14.19 所示。

图 14.19　腿部发力挺直身体

在整套翻转动作中，难度最大，风险系数最高的就是 Aelos 机器人头部着地，手脚并用翻转的那一刻。在此期间，Aelos 机器人的重心不但沿着翻转路径发生水平方向上的变化，还会随着 Aelos 机器人躯干的降低、升高、再降低、再升高发生垂直方向上的变化，动作稍不合理，就会造成 Aelos 机器人失去重心，侧向摔倒。

在做肩腿发力进行翻转时，可以采用双腿同时转动的方法，这种方法的优势是缩小翻转的时间，提高翻转的速度，但风险是重心控制难度更大；也可以采用单腿逐一翻转的方式，如图 14.20 所示。这种方法的优势是两腿分别翻转，支撑脚可以协助做好稳定工作，对维持重心稳定有帮助；风险是翻转的时间加长，翻转的速度减慢。所以两者各有利弊，用户可以分别调试一下。

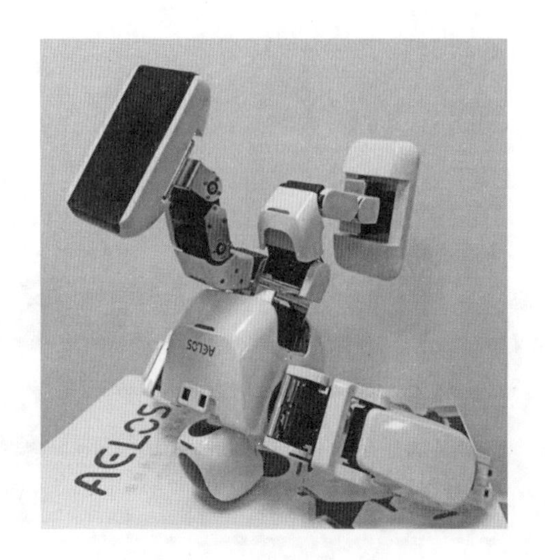

图 14.20　单腿逐一翻转

【练习】设计高难度动作—上台阶。

机器人上台阶也是很有难度的，重心变化比较复杂，支撑脚切换要求平缓顺畅，用户可以自行寻找道具，根据道具的高度来设计机器人上台阶的动作，如图 14.21 所示。

在整套动作中一定要将 Aelos 机器人的重心保持在支撑面内，才能保持动作的稳定性，重心、支撑面、重心线三者密切相关。如果还是不太清楚请参考第 7 章中的讲解。

图 14.21　上台阶动作

第 15 章　对抗类动作设计

课程目标：了解对抗类比赛的基本规则，学习对抗类动作的设计要领，并将要领用于动作设计中。

无论是对于使用机器人的用户，还是对于不同类别的机器人，人们总是希望有一个竞技的平台，能够将机器人性能和操作者的调试水平进行充分展示，进而促进机器人相关技术的发展。小型仿人机器人领域开展最为广泛的对抗类比赛当属机器人足球竞技和机器人拳击竞技，这两项竞技内容可以全面展示机器人的竞技能力，而且普适性很强。

通过之前的学习，我们已经学会了如何去给 Aelos 机器人设计常规动作，接下来重点讲解机器人竞技中对抗类动作的设计要领，同时着重学习拳击对抗和足球对抗的动作设计，让用户更加直观地感受 Aelos 机器人极强的运动能力和高度的灵活性，以及强大的竞技能力。

15.1　对抗类赛事规则和动作设计要领

15.1.1　对抗类赛事规则

以国际仿人机器人奥林匹克竞赛（IHOG）中的对抗类比赛为例，在对抗类比赛中，选择典型的 3VS3 足球比赛和一对一拳击比赛进行总结性的规则介绍。

3VS3 足球比赛的目的是考验针对足球运动的复杂动作，机器人的规划能力和基于视觉的智能控制系统技术，以及多机器人的合作与竞争策略技术，所以想要完成比赛，必须设定好机器人的进攻和防守策略，这是一项综合能力的考量，它要求参赛队员有很强的逻辑思维能力。

每个球队由 3 个机器人构成，2 个进攻球员和 1 个防守球员。比赛过程中进一球得一分，得分高的一方胜出。比赛需要用木材做成的专用比赛台子，如图 15.1 所示。

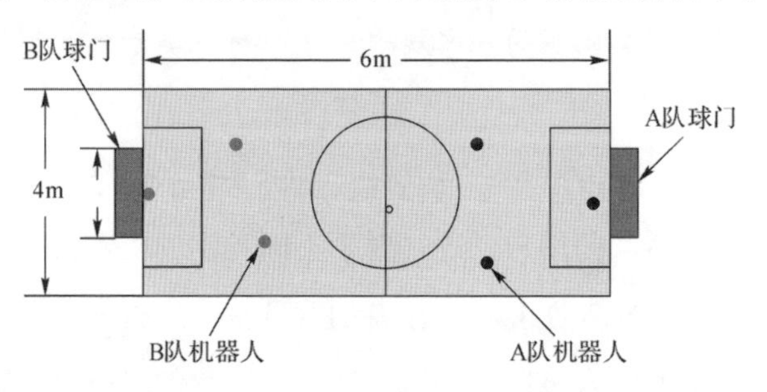

图 15.1 3VS3 足球对抗比赛台

足球对抗比赛是两个球队之间进行的对抗赛，比赛分上半场和下半场，每一个半场 5 分钟，中间休息 5 分钟。比赛过程中可以申请一次暂停（2 分钟）。如比赛中双方机器人发生碰撞，由裁判员根据足球比赛中的犯规情况进行判决。比赛设三种罚球：点球、球门球及任意球。比赛开始、结束以及中间暂停须听从裁判指令执行。图 15.2 所示为 3VS3 足球对抗现场图。

图 15.2 3VS3 足球对抗现场图

拳击赛事以击倒对手机器人或者击打到对手机器人的得分点为目标，所以在动作设计上要具有攻击性。在控制方式上需要用到遥控器或者手机。该比赛目的主要是考验机器人对对方的打击，或阻挡对方进攻所需的运动规划能力，以及无线遥控操作技术。

比赛过程中双方人员都需要使用遥控器控制拳击动作，击打对方的要害部位或阻挡对方的进攻，并且规定只能使用上肢攻击。比赛设定为3局2胜制，每局时间为1分钟。规定参赛机器人必须为仿人机器人，且可以使用拳击套。

裁判员吹哨后，双方人员通过无线遥控方式控制机器人，如果某一方打击对方的指定部位（头部，胸部，后背）则获得 2 分，如果打倒对方或将对方推到边界线外则该局获胜。如果在某一局中双方得分相同，积极进攻方获胜。

在比赛过程中，如果机器人由于自身原因倒下去，则允许重新起立，但过 10 秒后仍无法起立，则判该局失败。图 15.3 所示为拳击比赛现场图。

图 15.3　拳击比赛现场图

从拳击和足球对抗赛中可以看到，对抗类动作有其独特的特点，就是需要有很强的攻击性，所以在动作调试时需要不断优化动作的稳定性，同时加快机器人的动作速度，达到稳定性和攻击性的统一。

15.1.2 对抗类动作的设计要领

上一章讲解的是如何设计有难度的动作，属于机器人灵活度的展示，本章将进行竞技动作的设计，它更加注重实用性，是机器人综合竞技能力的展示。

机器人对抗类动作是功能性动作，它的目的性很强，是在一个特定的场景下进行的有针对性的动作。所以在设计动作前，需要先明确机器人要去完成什么样的动作，实现什么样的目标，一切围绕着中心目标来展开动作的设计与调试。

机器人对抗类动作是为机器人之间进行有规则、有目的的竞争对抗而设计的动作。在这些对抗中，机器人不免会摔倒，而对抗中是严格禁止人接触机器人的，所以在所有对抗类比赛中，几乎所有机器人都会配有前倒地起身和后倒地起身的动作，以避免被对手机器人冲撞摔倒直接淘汰的局面。但是这两个动作的调试也有要求，需要机器人能够在很短的时间内快速反应，以最快的速度站立起来，避免反应时间过长给对手留下继续击打的机会。图 15.4 为足球比赛现场图。

对于不同类型的对抗类比赛，对应的对抗类动作是不同的。因此可以先找到对抗类动作的共性，总结出共性的规律，进而归纳设计出一套综合的对抗类动作，以后可以根据不同的对抗类比赛进行有针对性的改进，以适应比赛的要求。

图 15.4 足球比赛现场图

下面是根据对抗类比赛的特点整理出的一些动作设计要领，仅供用户参考。

（1）对抗类动作为功能性动作，设计动作时应以达到动作目的为主要目标，动作美观为次要目标。

（2）对抗类动作目的就是在规则允许的范围内，击败对方机器人或者使得对方机器人违规，所以对抗类动作要求快、稳、准，在最短的时间内用最有效的动作完成对抗。

（3）机器人对抗属于快节奏运动项目，动作应当尽量简短且具有爆发力，减少多余动作，以免被对手抓住破绽得分。

（4）尽管最好的防守就是进攻，力求尽量得分或者尽快击败对手，但是也要充分考虑自己机器人的稳定性。在动作设计中，重心位置是机器人稳定的关键。为保持状态稳定，设计动作时应考虑将重心尽量压低，不要过度偏离双脚中心的位置。

（5）在保证稳定性的情况下，尽量将机器人动作执行速度加快。

（6）动作稳定、反应速度和动作准确三者是相互制约的，在实际设计中要有所取舍、有所侧重。

15.2　对抗类动作设计

上面已经介绍了机器人对抗类动作的总体设计思想，对于不同的机器人比赛项目，在动作设计思路、动作设计细节以及机器人控制指挥上还是有一些不同的。足球运动中得分点在带球射门上，所以要避免与对方机器人的接触碰撞，拳击动作则恰恰相反。下面通过设计案例具体认识一下两者不同的侧重点。

15.2.1　足球对抗动作设计

机器人足球是一个综合性比赛项目，它是机器人对抗比赛中最能考验机器人综合性能的赛事。足球比赛的对抗类动作大致分为倒起动作、攻击动作和防守动作三类。下面就围绕足球赛事的特点分析动作设计的要领和侧重点。

设计要领：

（1）倒起动作：是机器人对抗性动作中不可或缺的动作，是机器人摔倒或者出现突发状况后，必须能够发挥作用的关键动作，所以在设计上动作必须稳定并且可以确保能够发挥作用，以防因为机器人摔倒不起被直接淘汰出局。

（2）攻击动作：进攻球员的目标是将足球用脚踢进对方球门，在设计动作时应注重腿部动作，并且机器人手臂应尽量避开足球，避免多余动作导致触球犯规。

（3）防守动作：防守球员目标是阻止足球进入己方球门，在设计动作时应注重尽量增大防守面积，并且防守动作应简洁，以便对后续情况做出快速反应。

（4）机器人足球属于快节奏比赛项目，动作应当迅速且稳定，尽量避免摔倒。

掌握了这些基本设计要领后，下面通过攻击动作和防守动作的具体设计，展现两类动作设计的差异和共性。

操作 1　攻击动作设计之左摆射门

（1）左摆射门要设计的就是左脚踢球的动作，严格意义上讲不是一个纯竞技类动作，而是一个集观赏与实用于一身的动作，所以在部分动作上有夸大的成分。如图 15.5 所示，第 1 幅动作关键帧为起步姿势，需要将机器人的重心移到右侧，机器人右腿支撑地面，把机器人左腿稍微抬离地面，为之后的左脚射门做准备。

图 15.5　左摆射门第 1 幅动作关键帧

（2）如图 15.6 所示，左摆射门第 2 幅动作关键帧是一个抬腿的动作，机器人左腿高高抬起，同时为了配合机器人腿部动作导致的重心偏移，左、右手臂做了相应的摆动，在动作设计上稍微有一点夸张，加入了一定的表演成分，适合于表演类足球运动。

图 15.6　左摆射门第 2 幅动作关键帧

（3）在第 3 幅动作关键帧中，设计让 Aelos 机器人左脚在途中位置停顿一下，如图 15.7 所示。

图 15.7　左摆射门第 3 幅动作关键帧

细心观察的用户可以发现第 3 幅动作关键帧与第 1 幅动作关键帧没有多大区别，一定会产生这样的疑问：为什么不去掉第 2 幅动作关键帧，直接从第 1 幅动作关键帧就抬脚攻击呢？增加第 2 幅动作关键帧后再增加第 3 幅动作关键帧，这样的设计有什么特定的意义吗？

这样的设计是有一定技巧性的，如果设计机器人直接抬脚射门，这样对方的守门员会及时反应过来，进球的概率不是很大。增加第 2 幅动作关键帧可以造成机器人用力进攻的假象，然后在第 3 幅动作关键帧中，对抬起的左脚可以稍微变换一下角度，这样踢出的球会划出弧线轨迹，就可以像足球运动员贝克汉姆一样踢出“圆月弯刀”式的足球，从而避开对手机器人的直接防守，提高进攻的成功率。所以，增加第 2 幅和第 3 幅动作关键帧除了增加观赏性以外，还可以增加攻击的多样性，让对手无从判断。

以上是整个准备动作过程，鉴于动作重心移动较为敏感，速度值建议设置在 35 左右，这样既不是很慢，也可以保持机器人的稳定性。

（4）准备动作完成后，接下来就是临门一脚的进攻动作，要求动作干净利落。在这一动作关键帧中，设计机器人踢出左脚，同时双手伴随着前后摆动，以达到平衡重心的目的，保证机器人在最终状态时重心不会偏移太大。

图 15.8　左摆射门第 4 幅动作关键帧

因为需要一个干净利落的进攻动作，所以中间不需要再插入其他的动作关键帧。这个进攻动作关键是调试 Aelos 机器人的左腿，寻找重心的稳定点。出于进攻突然性的考虑，这一动作关键帧要求速度较快，建议设置在 80 左右。

这个踢出动作是整套动作的关键点，既有重心变化，又有速度调整。这里有一个小技巧：Aelos 机器人在快速踢球后由于有一定的惯性，重心必然会受到影响，如果想要 Aelos 机器人在收回脚的时候保持稳定的话，可以在 Aelos 机器人踢出动作后增加一个短暂的延时，建议延长时间为 200 ms。虽然只是一眨眼的时间，但是用于稳定 Aelos 机器人的重心足够了。

（5）踢出动作之后为收回脚的动作关键帧，如图 15.9 所示。只需要将机器人的左脚轻轻与地面接触，防止机器人摔倒即可。

图 15.9　左摆射门第 5 幅动作关键帧

由于这时足球已经踢出去了，最主要的问题就是让 Aelos 机器人保持稳定别摔倒，所以在收脚动作上要求稳定。

（6）左摆射门第 6 幅动作关键帧设计的就是左脚落地的动作，如图 15.10 所示，这一动作难度不大，其实把第 1 幅动作关键帧的准备动作复制过来，将动作代码指令修改为倒序执行就可以，速度值建议设置为 25~35。

图 15.10　左摆射门第 6 幅动作关键帧

回顾一下所设计的足球进攻动作，整套动作用时极短，动作精练，形成出其不意的进攻效果，符合对抗类动作设计的精髓：快、准、狠。

为了公平起见，足球门的宽度要大于机器人双手张开的宽度。因此在守门时需要快速反应。向左？向右？一旦守门的机器人识别了足球运行方向，就要快速执行动作，稍慢一点，足球就可能滑过指尖进球得分了。“黄油手”可是守门员的大忌。

接下来以左侧守门为例来讲解防守动作设计的要领和注意事项，用户注意体会两种不同类型动作的设计侧重点。

操作 2　防守动作设计之左侧守门

守门动作是应急动作，要求动作极其快速，而且不能有任何冗余动作，所以简化守门动作，从机器人站立到向左侧扑出形成守门动作，整个动作仅一个关键帧，如图 15.11 所示。

图 15.11　左侧守门动作关键帧

在这短短的一帧中，完成了左腿弯曲，右腿做相应的伸展调整，同时用左手臂支地以辅助稳定动作并增大防守面积。

仔细观察可以发现，在这个动作中，Aelos 机器人重心完全向左偏移，那么左手支撑地面就起到了很关键的作用，既是防守对方进攻的措施，又是防止 Aelos 机器人重心向左偏移过大导致摔倒的关键支撑点。

值得注意的是，在这一动作关键帧的调试上，必须严格让 Aelos 机器人的重心沿身体侧面的中心线移动到左侧，严禁偏离中心线。因为重心一旦偏离中心线，左手臂撑地的效果就大打折扣了，这样 Aelos 机器人在执行防守动作时很容易摔倒，给进攻方留下可乘之机。

左侧守门动作速度值建议设置在90以上，但是一定要反复调试，确保动作的稳定性。

需要说明的是：在实际的防守动作中还会增加适当的动作延时，并设计有第 2 个动作关键帧，采用的是标准站立的动作关键帧。因为足球被踢出后速度可能比较慢，而 Aelos 机器人执行动作的速度又比较快，默认动作执行完毕后 Aelos 机器人自动回复到标准站立状态，这就可能导致足球被漏进球门，所以会给防守动作增加较短的延时，大概在 200 ms 左右，以防止漏球。一旦足球被防守住，或者停留在离球门不远的地方，这时就需要在延时后，快速恢复到标准站立状态，以准备下一轮进攻或者防守。

由于 Aelos 机器人自行回复到标准站立状态的速度比较慢，所以有经验的设计人员并不会使用系统自带的功能，而是自己专门设计一个快速的标准站立动作，一般速度值设计为 35 左右，这样可以保证 Aelos 机器人极大缩短恢复站立的时间，整套动作简单紧凑，实用性更强。

前面已经对足球对抗性动作的进攻和防守都做了综述和设计说明，具备了调试对抗性动作的基本能力。下面将重点讲解“倒起动作”的设计，这也是足球对抗性动作不可或缺的一个动作。

在比赛中经常调用的是前倒地起身和后倒地起身两个动作，因为机器人在对抗中向这两个方向倒地的概率最大。如果机器人侧向倒地，同样可以使用前倒地起身或者后倒地起身来调整机器人倒地的状态，最终自行站立起来。这两个动作的设计均与重心有关联，下面以后倒地起身为例，讲解设计的步骤和注意事项。

Aelos 机器人向后倒地时重心是向后偏移的，而且重心位置很低，想要机器人恢复到站立状态，重心向前变化的同时需要向上移动，所以动作难度较大，用户在调试时要做好失败的准备。

操作 3　起身动作设计之后倒地起身

（1）后倒地起身动作中第 1 幅动作关键帧设计为倒下状态，其实就是机器人的标准站立状态，只不过是处于向后倒下的状态，如图 15.12 所示。

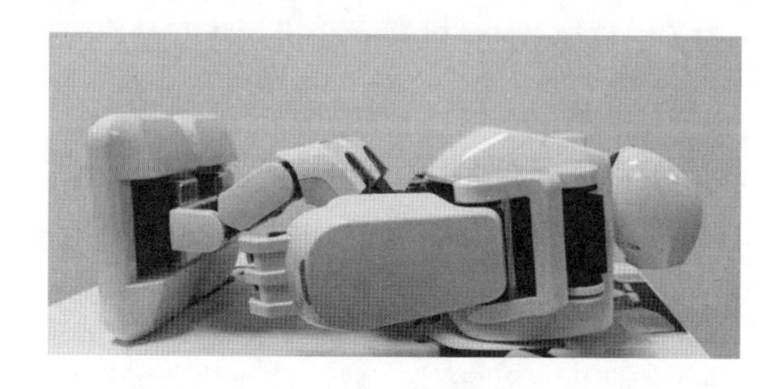

图 15.12　后倒起身第 1 幅动作关键帧

（2）后倒地起身第 2 幅动作关键帧中巧妙地运用了机器人的手臂，向后伸展撑起机器人的重心，同时蜷缩双腿，让机器人重心前移。这一动作关键帧完成了整套动作的两个关键之处：重心前移和重心上移。动作速度值建议设置为 35，不宜特别快，这样可以让 Aelos 机器人平稳地完成过渡，如图 15.13 所示。

图 15.13　后倒地起身第 2 幅动作关键帧

（3）后倒地起身的第 3 个动作紧接第 2 个动作，相互连贯。第 2 个动作关键帧完成了重心的前移和上移，第 3 个动作关键帧继续提升重心，并且通过 3 号舵机和 11 号舵机的运转，将重心平稳过渡到双脚。同样动作速度不宜很快，可以设定成与第 2 幅动作关键帧相同的速度值。动作效果如图 15.14 所示。

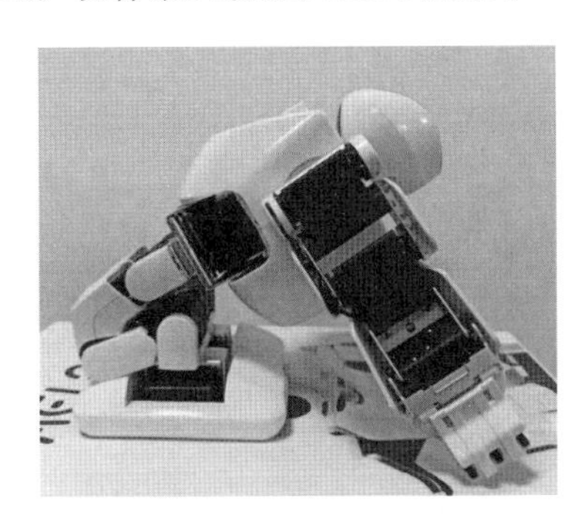

图 15.14　后倒地起身第 3 幅动作关键帧

（4）后倒地起身第 4 幅动作关键帧目的非常明显：重心前移，使得重心完全过渡到双脚，如图 15.15 所示。这一帧最主要的是腿部舵机的运转，承接第 3 帧动作，尽量将重心平稳过渡到位。一定要注意舵机转动的角度和速度，否则很容易造成重心转移失败，Aelos 机器人向后摔倒。舵机角度需要反复调试，速度值建议控制在 35 左右。

图 15.15　后倒地起身第 4 幅动作关键帧

（5）这一帧完成的最主要动作是下蹲，让 Aelos 机器人的重心降低，恢复到与站立状态基本相同的轴线上，如图 15.16 所示。这一动作通过双手前移完成，同时细心的读者会发现这一帧将控制 Aelos 机器人重心向前移。因为，实际上在之前的几帧动作中，Aelos 机器人重心全部偏后，这一帧是防止 Aelos 机器人向后摔倒，故意将重心前移，以完成一个缓冲。由于上一帧动作重心偏后，这一帧如果想要完成缓冲的话，需要速度适当加快，建议速度设置为 45 左右。

图 15.16　后倒地起身第 5 幅动作关键帧

（6）这是完成这个动作的最后一帧，毫无疑问是恢复到站立状态，如图 15.17 所示。需要注意的是动作速度的控制，不宜太快，建议设定为 35，否则从上一帧重心前倾转换到站立状态也容易造成摔倒。

图 15.17　后倒地起身第 6 幅动作关键帧

以上是后倒地起身动作的设计，通过设计这个动作，可以大致摸索出倒地起身动作的设计策略，主要就是掌控机器人重心变化的过程。当然这仅仅是一个参考案例，可能有更加巧妙的后倒地起身方式，用户可以自行摸索创新一下。

回到 3VS3 足球比赛中，规则要求比赛中机器人须“自主运行”，不得有专门的控制人员通过遥控器等设备控制机器人，那么机器人摔倒应该怎么办？它们怎么知道自己摔倒了呢？自己能自主站立起来吗？

是的，在比赛中机器人如果摔倒需要自己站起来，不得人工用手扶起，也不能通过遥控器控制机器人重新站立。因此所有参赛机器人都内置有 6 轴或者 9 轴的陀螺仪传感器，如图 15.18 所示。传感器是机器人的感觉器官，陀螺仪传感器用于获取机器人的身体状态，启动后机器人就可以判断自己是处于站立还是倒下的状态，并且还可以判断是沿着哪个轴向倒下的，然后输出相应的控制信号，执行对应的起身动作，即可控制机器人自动站立起来。调用的动作就是前倒地起身和后倒地起身。

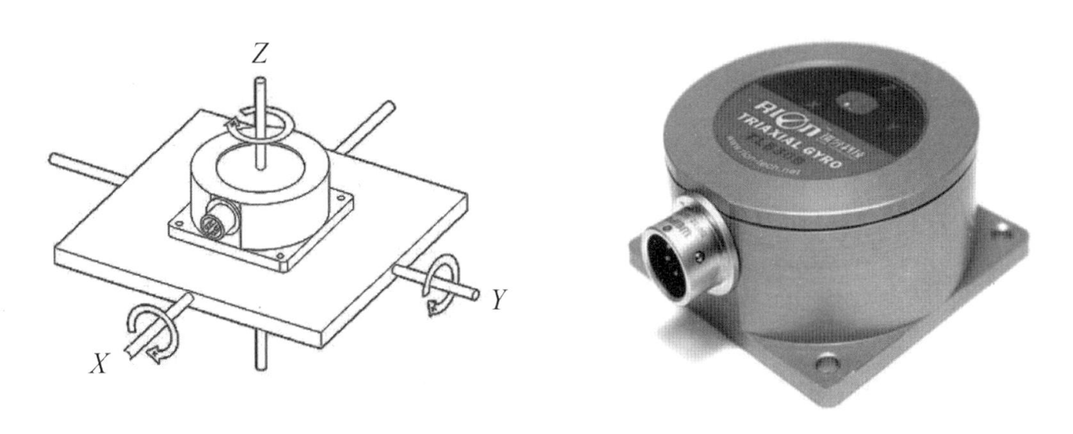

图 15.18　陀螺仪传感器

15.2.2　拳击对抗动作设计

拳击动作整体上分为攻击和防守两种类型的动作，本节仅给出攻击动作的一个参考示例，防守动作用户可以根据设计要领自行调试。首先围绕拳击赛事的特点分析拳击动作设计的要领和侧重点。

设计要领：

（1）倒起动作：规则设定比赛过程中机器人由于自身原因倒下去，允许重新起立，但过10秒后仍无法起立，则判该局失败。因此拳击动作中必须包含倒起动作，有关倒起动作设计要领和设计实例可以参看上一节足球对抗动作设计。

（2）攻击动作：重点是手部动作：出手角度要刁钻，出其不意；出手速度要快，攻敌不备，也就是常说的“天下武功，唯快不破”。另外武术中讲究“一寸长，一寸强”，因此手部动作要尽可能地舒展，通过重心的移动，最大限度地扩大攻击范围。

（3）防守动作：应注意对上半身和头部做好防守，降低对手的得分概率，动作要简洁快速，以便根据对手的出招快速做出反应。重心一定要稳，因此要尽可能地降低重心。

（4）机器人拳击比赛属于矛与盾类型的比赛项目，攻击和防守是矛盾的统一，就如同拳王阿里和泰森一样，一位善攻，一位善守。只要所设计的动作有侧重点，都有成功的可能性。

Aelos机器人身材匀称，更有拳王阿里的“风范”，因此准备给Aelos机器人拳王设计一个右侧击动作，通过灵巧的蝴蝶舞步绕到对手的左侧，出其不意打击对手的头部或者其他部位。下面开始调试右侧击的动作。

操作　攻击动作设计之右侧击

（1）准备动作：抬起Aelos机器人右手臂，同时右脚也轻微抬起。这一动作关键帧的目的在于转换Aelos机器人重心，使重心向攻击方向的反方向偏移，这样能够保证在攻击时机器人状态平稳，降低摔倒的可能性。同时为攻击“积蓄”力量。准备动作关键帧如图15.19所示。

图 15.19　右侧击准备动作

准备动作应简短迅速，减少机器人的冗余动作可以令对手猝不及防，所以准备动作不能拖泥带水，动作关键帧不宜过多。速度也要快，建议速度值设定在 70~80。当然在保证稳定性的前提下可以适当加快速度，达到搏击的目的。

（2）攻击动作：为了能击中有效部位，将 Aelos 机器人的右手臂设计为向上扬起，用来攻击对手的肩部和头部，如果手臂出击位置过低就会造成攻击到无效部位。在右手臂出击的同时，右腿向上收起，左腿胯部舵机转动，驱动机器人向右侧“跨出”，在降低重心，增加稳定性的情况下释放“积蓄”的力量，即将机器人自身质量附加在右手臂上，增加打击的力度完成攻击动作。攻击动作关键帧如图 15.20 所示。

图 15.20　右侧击攻击动作

攻击动作要求有力，同样不能有冗余动作。攻击速度值建议保持在 70~90，为了避免 Aelos 机器人动作变化太剧烈导致摔倒，可以增加延时指令，将时间设置在 500 ms 左右，也可以根据后续动作的需要进行相应的调整。攻击动作中为了保持机器人的稳定性，一定要尽可能地压低重心。

（3）结束动作：完成攻击动作后，Aelos 机器人重心已经降到了很低的位置，所以不宜直接站立起身，因此因势利导地将机器人的结束动作设计为四肢收回呈下蹲状，如图 15.21 所示。这样不但可以快速完成 Aelos 机器人动作的过渡，同时可以防止对手快速反击。下蹲稳定重心后再恢复站立，完成整套的攻击动作。

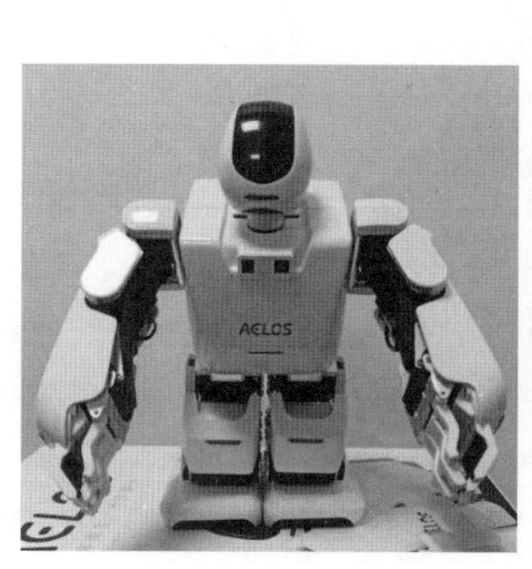

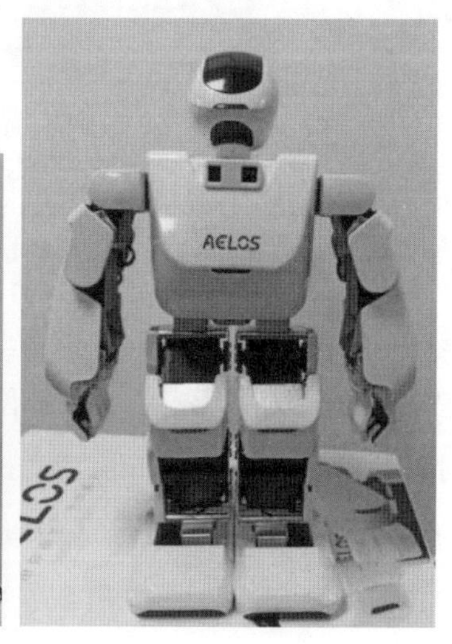

图 15.21　右侧击结束动作

每一个攻击动作完成后，需要迅速将机器人调整回攻击前的备战状态，以备快速进行下一轮攻击或防守。建议结束动作应以稳定为主，动作不宜过快，下蹲时速度值控制在 50 左右，站起时控制在 35 左右即可。

通过本章的学习，了解了机器人对抗类动作的设计要点，最重要的就是先明确动作的目标或者规则定义的得分点，然后一切围绕目标或者得分点，在综合权衡稳定性、攻击性和速度等因素的情况下，设计出最适合比赛的动作。为了应对多轮比赛，建议先准备好多套不同特点的对抗类动作，在具体比赛时根据对手的情况挑选合适的动作，然后再进行微调，以达到合理使用的目的。

在一些特殊类型的比赛中，如足球表演赛或者拳击表演赛，这时输赢是其次的，表演是主要的，因此可以在设计动作时适当加入表演动作关键帧，甚至可以增加一些夸张的动作关键帧，比如进球后的欢呼庆祝动作，（见图 15.22），甚至可以模仿狂野的足球运动员，控制 Aelos 机器人翻一个跟头表达赢球后的“喜悦”心情，这些庆祝动作更容易引起观众的欢呼。有兴趣的用户可以尝试设计一下此类表演性的动作。

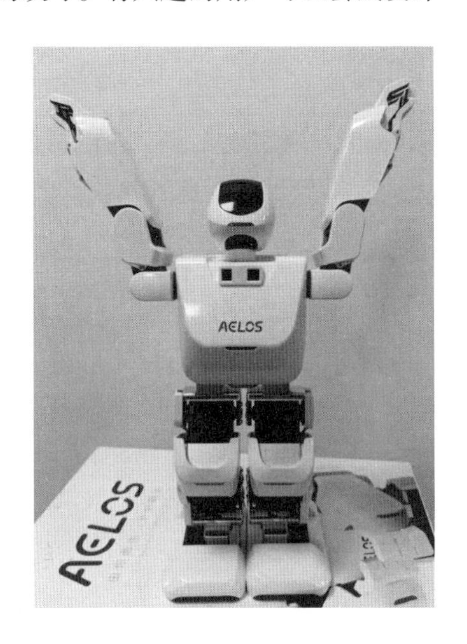

图 15.22　欢呼庆祝动作

【练习】仔细阅读拳击比赛的规则，根据拳击得分的规则，设计一个防守动作，有效地保护自身得分区域，降低对手得分的机会。

第 16 章　舞蹈动作设计

课程目标：学习国际仿人机器人奥林匹克竞赛（IHOG）舞蹈类比赛规则；了解为机器人设计舞蹈动作的流程；根据音乐文件为 Aelos 机器人设计舞蹈动作。

在机器人动作设计中，舞蹈动作是表演性动作，与功能性动作不同，它更加注重动作的灵动、优美。机器人舞蹈是真正的艺术与技术相结合的作品，要达到美观、观赏性高，没有相当的艺术修养和机器人动作设计技术是不可能完成的。

16.1　机器人舞蹈赛事和设计流程

机器人舞蹈分为单人舞和多人舞，其中多人舞以双人舞和四人舞最具观赏性。目前，国际国内机器人赛事中有很多含有舞蹈类动作比赛。下面就来了解一下此类赛事的规则，有利于更好地参加这类比赛。

16.1.1　舞蹈类比赛规则

以国际仿人机器人奥林匹克竞赛（IHOG）中的舞蹈类比赛为例，一般分为单人舞、双人舞、八人舞，还会有指定舞蹈类型的比赛，如芭蕾舞。

这些舞蹈比赛有一些共同的规则，总结如下：

（1）一般都是对五种基本动作酌情打分，这五种基本动作是：双臂动作，双腿动作，腰部动作，臂腿协调动作，以及每种动作与音乐的配合程度。

（2）动作难度、舞蹈创意（如臂、腿、腰协调性）也会被酌情打分。

（3）比赛过程中如果机器人倒下，一定会被扣分，但可用手扶起继续比赛。

（4）时间一般都限制在 2 分 30 秒以内，比赛分数高者获胜。

因为多人舞不但每个机器人要完成自己的动作，还需要机器人与机器人之间配合，因此调试难度更大，工作量更大，所以多人舞比赛还会有一些特定的评分规则，比如：双人舞中要对接触和非接触条件下同时移动与旋转的情况进行打分；八人舞中还要对机器人的层次顺序感进行打分。而在指定舞蹈类型的比赛中，如芭蕾舞，会对机器人所完成的芭蕾舞经典动作、具有芭蕾舞特色的动作进行打分。

参照以上规则，用户在给机器人设计舞蹈动作时，首先要把握好五种基本动作的设计，这是基本分，一般占 60 分；然后是提升动作难度、舞蹈创意、动作稳定性和特色动作，这些一般占 40 分。

因为机器人的舞蹈动作需要与音乐节奏协调和谐，因此设计难度更大，就更需要按照设计流程规划到位，做好细节工作。细节决定成败。

16.1.2　机器人舞蹈设计流程

之前做动作设计时，一直在引导用户养成“规划草图—提炼动作关键帧—实施动作设计—修正动作”的设计习惯。如果是针对机器人做成套的舞蹈动作设计，就需要站在更高的高度去统筹策划整个工作。

机器人的舞蹈动作从宏观上讲要成套、美观、富有节奏感和表现力，能够很好地抓住观赏者的眼球，引起共鸣；从微观上讲要将每一个动作编排得细致精确，能够很好地展现出机器人的各项性能。因此在编排舞蹈动作时，简单地将优美的，或者复杂的动作堆砌在一起是不能成就一支好舞蹈的。好的舞蹈一定要能够体现音乐的神韵，一定要跟音乐的节奏搭配、旋律协调，能够起到相互衬托的作用。所以，在设计机器人舞蹈动作之前，先要做好音乐方面的统筹规划工作，然后再进行具体的舞蹈动作的设计。

首先是根据音乐决定舞蹈动作风格。

舞蹈音乐的选择没有固定的要求，但是音乐的节奏和旋律与机器人舞蹈动作风格息息相关。如果音乐是《江南 Style》，则机器人舞蹈动作一定要表现出热情奔放的风格；如果是《大王叫我来巡山》，那么舞蹈风格一定要活泼、灵动。

注意：舞蹈音乐时间不宜过长，一般控制在 1 分钟到 2 分钟，根据比赛规则最多不超过 2 分 30 秒。有关音乐的下载、编辑、格式转换等知识可以参看第 15 章的讲解。

其次是按照音乐分段设计特色舞蹈动作。

音乐和舞蹈动作风格设定后并不能马上进行舞蹈动作的编排，而是需要对音乐进行合理的切分，将整段的音乐切分成时长大致相同的音乐片段：一是可以合理地安排给团队其他人员共同进行创作；二是可以逐段进行动作设计，化整为零，更有助于精细设计。

将音乐分段后，就可以逐段地反复聆听，感受和把握本段音乐的节奏，然后就音乐中某些精彩的小节重点去构思机器人的特色舞蹈动作。一般音乐中传唱最多的部分就是最具精彩的地方，围绕这些精彩的地方去设计有特色的机器人舞蹈就会起到事半功倍的效果，更容易获得成功。如针对《江南 Style》，一定要设计有“骑马舞”的动作；在芭蕾舞音乐的精彩章节，一定要展现最典型的 Passe releve（单脚立）芭蕾舞蹈动作，如图 16.1 所示。只要准确地抓住音乐的精华部分，配合设计出几个最具有表现力的机器人特色舞蹈动作，这样就离成功不远了。

图 16.1　芭蕾舞动作

再次是构思和设计常规舞蹈动作。

完成机器人的特色舞蹈动作设计后，就可以开始构思其他特征性不强的常规舞蹈动作。这些常规舞蹈动作主要起到稳定机器人状态，衔接前后动作的作用，当然常规动作还负责“消耗”音乐时间。常规舞蹈动作不能“喧宾夺主”，要与核心舞蹈动作主次分明，以便更好地将舞蹈风格和韵律突显出来。

有些舞蹈动作可以反复使用在舞蹈中，以节省创作时间，提高创作效率，更好地把宝贵时间用于特色舞蹈动作设计上。当然如果想要编辑出精致又有内涵的舞蹈，在时间允许的情况下，可以对所有的舞蹈动作细节进行雕琢。

最后就是统一合成，完成整套舞蹈的编排。

尽管选择的音乐不要超过 2 分 30 秒，所需设计的舞蹈动作也得有数百个，因此最好是团队配合进行舞蹈动作的设计，每个团队成员按照制定的舞蹈动作风格分段进行设计，最后由舞蹈的主创人员进行统一合成，最终完成整套舞蹈动作的编排。

如果是编排双人舞和多人舞，因为机器人数量增多了，除了把握好每个机器人的舞蹈动作，还要注意机器人之间的配合和协调，更要注意机器人群体的节奏感和现场感，这对于主创人员的要求就更高了。一般多人舞更需要在后期进行统一调试，以达到精确配合。

以上就是整套舞蹈动作的设计流程，在这样的框架指导下，用户再配合之前掌握的动作设计流程即可完成具体的舞蹈动作设计了。

16.2　舞蹈动作设计

接下来将以单人舞为例来学习舞蹈动作的设计，注意在学习的过程中加深对设计流程的理解和掌握。

16.2.1　设定舞蹈动作风格

本例所用的音乐素材是《江南 Style》，该首歌曲具有鲜明的风格，节奏感强烈，听的时候就会不自觉地随着节拍律动。因此，机器人的舞蹈动作风格就需要是欢快的，热情奔放的，所以机器人的舞蹈动作速度要稍微快一些。正常的动作速度值为 30 左右，本例将采用 50 左右的动作速度。

由于《江南 Style》音乐长度比较长，只能截取一段，因此在音乐截取上，就需要尽量将音乐特色最明显的部分截取出来。截取后音乐时长约为 1 分钟左右。

接下来反复聆听《江南 Style》截取后的片段，如果有必要可以进一步切分音乐片段。通过充分体会音乐，把握节奏，寻找出最具渲染力，最能引发听众共鸣的音乐片段，再围绕此类片段构思机器人的特色舞蹈动作。

以上都是“套路”，如果自己确实没有那么多的艺术细胞，怎么办呢？其实有一个很简单的解决办法，那就是看歌曲 MV，把 MV 中的舞蹈动作“搬到”机器人身上。想一想，《江南 Style》MV 中最抓眼球的就是骑马舞那一段了，如图 16.2 所示。好，乾坤大挪移启动。

图 16.2 快节奏的《江南 Style》骑马舞

16.2.2 核心舞蹈动作设计

分析《江南 Style》MV 中的骑马舞动作，可以发现里面最具特色，形神兼备的动作主要有两组，一组是“甩鞭子”的动作，另一组是“骑马”的动作，做好这两组动作，整个舞蹈动作的核心就有了。下面就这两组动作做详细设计，依然遵循“规划草图—提炼动作关键帧—实施动作设计—修正动作”的设计流程。

操作 1　设计“甩鞭子”动作

(1)按照提炼的第 1 幅动作关键帧，左手臂伸到前边，右手臂抬高，做出举鞭动作，如图 16.3 所示。

图 16.3　举鞭动作关键帧

(2)第 2 幅动作关键帧需要在举鞭动作关键帧的基础上，做出扬鞭的动作，这时机器人左手臂是辅助动作，动作幅度较小，稍微向上调试一点即可，而右手臂是主要动作，举过头顶做出扬鞭动作，同时右脚踮起，增加这样的细节主要就是为了增加动作的协调性和观赏性，如图 16.4 所示。

图 16.4　扬鞭踮脚动作关键帧

（3）第 1 幅动作关键帧和第 2 幅动作关键帧连起来就是甩鞭子的骨架动作，但是细节还不够丰富，尤其为了配合音乐长度和节奏将两个动作连起来循环播放时，就会发现动作之间的衔接非常生硬。所以增加两个动作关键帧，上半身动作与第 1、2 幅动作关键帧类似，第 3 幅动作关键帧是将右脚放下，以保持平衡，第 4 幅动作关键帧是踮起左脚，活动右手臂。甩鞭子的第 3 幅动作关键帧和第 4 幅动作关键帧如图 16.5 和图 16.6 所示。

图 16.5　甩鞭子第 3 幅动作关键帧

图 16.6　甩鞭子第 4 幅动作关键帧

注意：在增加第 4 幅动作关键帧时，踮起的是 Aelos 机器人的左脚，而不再是右脚。

原因：①踮起左脚后 Aelos 机器人甩出右手臂不至于导致重心太偏右，消除了 Aelos 机器人可能会摔倒的隐患。②第 2 幅动作关键帧已经踮起过 Aelos 机器人右脚，在舞蹈中尽量避免同一个动作在相邻的动作关键帧重复出现，以增加动作的多样性和可观赏性。

考虑到踮脚甩臂的动作相对比较单调，同时为了避免动作的单调重复，所以最终将甩鞭子动作设计为：踮两次左脚后踮两次右脚与踮一次左脚后踮一次右脚循环执行。在实际舞蹈动作中，还有一些辅助性的动作帧，均是以上动作的组合，此处不再赘述。最后根据音乐的节奏设定舞蹈动作的速度值为 56，如图 16.7 所示。

名字	速度	延迟模块	舵机1	舵机2	舵机
甩鞭子2	56	0	46	10	17

图 16.7　舞蹈动作速度值设定为 56

操作 2　设计骑马动作

（1）将 Aelos 机器人恢复到标准站立状态，将从此状态进行后续舞蹈动作的设计。之所以恢复到标准站立状态主要是为了动作衔接起来方便。有关动作衔接的知识可以参看第 12 章中的讲解。

（2）骑马动作的第 1 幅动作关键帧如图 16.8 所示，双手抱在胸前，表现出拉缰绳的动作。

人在骑马时会随着马的前进而前后摇晃，但是在机器人舞蹈中如果设计前后摇晃的动作，会导致两个问题：①机器人前后摇晃会导致重心前后移动，容易摔倒；②江南 Style 动作速度较快，如果为了契合音乐节奏而死板地模仿人的动作，会更加造成 Aelos 机器人的不稳定。

图 16.8　骑马动作第 1 幅动作关键帧

不过，Aelos 机器人在双腿稍微分开的情况下左右摇晃，或者踮脚，对重心的影响不是很大，依然能具备一定的稳定性。综上因素，所以考虑将骑马的前后摇晃动作改为左右踮脚动作，同时配合手上的轻微活动，模拟出拉缰绳的动作。

（3）根据以上设想，在第 2 幅动作关键帧中只是轻微地改变了手部动作，主要是将 Aelos 机器人的右脚改变为踮起状态，如图 16.9 所示。

图 16.9　骑马动作第 2 幅动作关键帧

（4）第 3 幅动作关键帧是将右脚放下，让 Aelos 机器人回到稳定位置，如图 16.10 所示。

图 16.10　骑马动作第 3 幅动作关键帧

（5）第 4 幅动作关键帧设计的还是踮脚动作，但是为了美观，踮起的是左脚，同样不要忘记轻微调试手部的位置，以模拟骑马时频繁拉缰绳的动作，如图 16.11 所示。

图 16.11　骑马动作第 4 幅动作关键帧

（6）将第 1 幅动作关键帧到第 4 幅动作关键帧连起来执行就完成了一组骑马动作，而根据音乐的长短，可能要执行多组骑马动作，可以使用 FOR 循环模块，Aelos 机器人会根据设定的循环次数执行骑马动作。

最后还是要强调动作速度，为了与《江南 Style》音乐节奏相契合，骑马动作的速度值建议设置为 50。

16.2.3　常规舞蹈动作设计

核心舞蹈动作是需要主创人员用心去设计的，但是，一支完整的舞蹈，只有核心舞蹈动作也是不成的，因此，创作人员也需要花一些心思去设计常规的舞蹈动作，这些舞蹈动作主要起到稳定机器人状态，做好前后动作的衔接作用。

由于《江南 Style》节奏比较快，因此动作速度要比一般动作稍快一些，大致保持在 50 左右。快速动作之间的频繁切换会造成机器人的重心不稳，甚至会使机器人摔倒，而摔倒可是要扣分的。因此，就需要在快速动作之间巧妙地加入稳定动作，通过快慢动作的结合，使机器人保持稳定，顺利地完成整套动作。

操作 1　设计稳定动作

（1）为了保持机器人的稳定，一般在舞蹈动作的开始记录（增加）一个稳定站立的动作关键帧，动作指令代码如图 16.12 所示，并命名进行注释以说明动作帧的作用。

名字	速度	延迟模块	舵机1	舵机2	舵
站立	30	0	46	10	17

图 16.12　稳定站立动作指令代码

（2）除了设计稳定动作，还要设计过渡动作。过渡动作的设计原则是尽量保持原有动作的形态和趋势，通过巧妙地插入动作关键帧来避免肢体之间相互接触、相互干涉。比如上一个动作关键帧是手臂放在背后，下一个动作关键帧是手臂放在身前，这中间就必须插入一个过渡用的动作关键帧，该动作关键帧控制手臂先运转到身体一侧，然后再运转到身体前面。如果直接从后面向前移动，一定会把手臂卡在背后，严重的会造成舵机损坏。

操作 2　设计过渡动作

按照舞蹈编排的顺序，甩鞭子动作之后就是骑马动作，但是这两个动作速度都比较快，直接切换会造成 Aelos 机器人不稳定，所以在中间插入两个过渡用动作关键帧，如图 16.13 和图 16.14 所示。

图 16.13　过渡用第 1 幅动作关键帧

图 16.14　过渡用第 2 幅动作关键帧

为什么要添加两个动作关键帧，为什么不直接回到稳定站立状态呢？这样不是可以省掉一个动作关键帧吗？

仔细观察就可以发现，第 1 幅动作关键帧是必需的。在执行甩鞭子动作时，Aelos 机器人的左手臂始终在身体前方，如果直接添加稳定站立动作关键帧的话，Aelos 机器人的左手臂在直接回到站立位置时，会被前胸和胯部卡住，导致动作卡顿执行不到位，严重者会损坏 Aelos 机器人舵机。

过渡用的动作关键帧速度不宜过快，《江南 Style》的过渡动作建议速度值设定为 24，如图 16.15 所示。

名字	速度	延迟模块	舵机1	舵机2	舵机
	24	0	100	100	17

图 16.15　过渡动作速度

注意：在不同舞蹈中甚至是同一舞蹈的不同位置，过渡动作的速度可以是不同的，这个主要是根据音乐的节奏进行设置。

除了设计上面的两类动作，建议用户再单独设计一个舞蹈的结束动作，毕竟舞蹈结束后 Aelos 机器人所摆的 pose 也很重要。

不过，为整套舞蹈动作设计一个精彩的结束动作难度也不小，毕竟机器人的舞蹈和音乐很难每次都做到精准匹配，原因就不细说了，毕竟机器人靠电。为了避免最后出现不能同步结束的尴尬，可以考虑将机器人最后一个动作设计为鞠躬，鞠躬的时间可以长一些，这样既显得彬彬有礼，又避免了与音乐不同步结束的问题。鞠躬的动作难度不大，用户可以自行设计一下，此处不再提供具体动作关键帧。

最后，把不同设计人员分段设计的舞蹈动作整合在一起，做好全面的测试和微调工作，将整套舞蹈动作工程文件连同音乐文件下载到 Aelos 机器人中。播放吧，尽情欣赏自己的作品吧。

【练习】自选歌曲，完成 30s 的舞蹈动作设计。

结 语

经过前面的学习，我们了解到机器人集中了机械工程、材料科学、电子技术、计算机技术、自动控制及人工智能等多学科的最新研究成果，代表着机电一体化的最高成就，是当代科学技术发展最活跃的领域之一。未来，机器人就像现在的手机、电脑一样普及，相信 Aelos 机器人的小粉丝中一定会诞生卓越的机器人设计师。

物联网的时代正在飞速扑面而来，机器人、智能穿戴设备正成为社会的热点，就如同计算机、手机给人类生活带来的改变，要适应即将到来的智能时代，掌握编程能力才能跟的上时代的发展，不被时代所淘汰。